生物质炭对环境中阿特拉津的吸附解吸作用及机理研究

俞花美　葛成军　邓　惠　著

科学出版社
北京

内 容 简 介

本书以热带农业废弃物甘蔗渣和木薯渣为前驱物，在 350～750℃下制备生物质炭并进行性质表征，探讨了其吸附性能，以及生物质炭的结构特征与吸附机理间的定量关系。通过在农业土壤中添加不同含量的生物质炭制备人工吸附剂，测定农业土壤环境中阿特拉津农药在人工吸附剂中的吸附解吸行为，考察老化过程对上述行为的影响，并探讨其作用机理。

本书可供从事固体废弃物资源化利用、环境科学、环境工程、生态学等领域的科技工作者使用，也可供高校相关专业教师、研究生、高年级本科生，以及相关专业的科技人员和技术人员阅读参考。

图书在版编目 (CIP) 数据

生物质炭对环境中阿特拉津的吸附解吸作用及机理研究/俞花美，葛成军，邓惠著. —北京：科学出版社，2017.3
　　ISBN 978-7-03-052235-1

　　I. ①生…　II. ①俞… ②葛… ③邓… III. ①生物质－碳－影响－莠去津－吸附－研究②生物质－碳－影响－莠去津－解吸－研究
　　IV. ①TQ457.2

　　中国版本图书馆CIP数据核字(2017)第054919号

责任编辑：郭勇斌　彭婧煜　欧晓娟/责任校对：赵桂芬
责任印制：张　伟/封面设计：众轩企划

科 学 出 版 社出版
北京东黄城根北街 16 号
邮政编码：100717
http://www.sciencep.com

北京中石油彩色印刷有限责任公司 印刷
科学出版社发行　各地新华书店经销
*

2017 年 3 月第 一 版　　开本：720×1000　1/16
2018 年 4 月第三次印刷　　印张：10 1/2
字数：175 000

定价：58.00 元
（如有印装质量问题，我社负责调换）

前　言

本书以热带地区常见的甘蔗渣和木薯渣等热带农业废弃物为制备材料，首次研究了不同温度下以木薯渣为前驱物制备的生物质炭结构特征和吸附性能，不仅丰富了生物质炭制备的原材料，还可促进农业废弃物的循环再利用，变废为宝。本书初步阐明了生物质炭对中国几种农业土壤中阿特拉津的吸附解吸隔离过程、规律和机理，定量描述了表面吸附作用和分配作用对生物质炭总吸附的相对贡献；定量分析了生物质炭的结构特征—吸附性能—吸附机理间的关系，为合理进行农业土壤残留农药的风险评估提供理论依据。首次研究了生物质炭对热带砖红壤中阿特拉津吸附解吸的影响规律，丰富了此类农药在热带酸性土壤中的环境行为的研究，为开展热带农产品，特别是反季节蔬菜农药残留污染综合治理提供了理论依据。

希望本书的出版，对环境科学、环境工程、生态学等资源与环境领域的研究工作者、管理工作者、工程技术人员、生产技术人员、大学教师、研究生及高年级本科生的实际工作和学习有所裨益。同时，限于作者水平，书中难免存在疏漏和不足，衷心希望读者对本书提出批评意见和建议。

本书的出版得到了中西部高校提升综合实力工作资金项目、国家自然科学基金项目（21467008、21367011）、海南省自然科学基金项目（413123）等的资助，作者在此一并致谢。

作　者

2016 年 7 月

目　录

第1章 绪 论

由于生物质炭（biomass charcoal）在自然环境中广泛存在，具有多级的孔隙结构、巨大的比表面积、较大的孔容、高度的热稳定性和离子交换能力，其可以作为一种很好的改良剂。近年来，由于生物质炭在减缓气候变化、改良土壤品质和修复环境污染等方面表现出巨大的优势和潜力，利用生物质炭改良土壤和控制污染物已成为当前学术界的研究热点。然而，在中国，关于生物质炭的研究尚处于起步阶段，理论探索不成熟，如不同来源和性质的生物质炭在形态结构及吸附性能上表现的差异、生物质炭本身对生物体的毒性影响及其对污染物生物有效性的影响等方面均需深入探究，在机理研究方面亦极为薄弱。对于生物质炭农用的环境效应及其在不同环境介质中的环境行为等研究更是生物质炭作为环境功能材料能否推广使用的重要基础工作。

1.1 生物质炭概述

生物质炭是在完全或部分缺氧的条件下经高温热解将植物生物质炭化产生的一种高度芳香化难熔性物质[1]。生物质不完全燃烧产生的生物质炭在自然环境中广泛存在，其本质属于黑炭。制备生物质炭不需要新的资源，而是更有效、更环保地利用现有的、可再生的物质，如环境污染物（农业、草原、森林残留物，农村和城市垃圾、污泥、木屑、畜禽粪便等）。常见的生物质炭主要有竹炭、秸秆炭、稻壳炭和木炭等。与生物质原料相比，生物质炭的性质更为稳定，能够长期存在于环境中[2]。

将环境中的有机废物和生物质转化为生物质炭，具有巨大的经济、环境和生态效益。生物质炭因其具有特殊的理化性质，以及在全球碳生物地球化学循环、全球气候变化和生态环境中的重要作用，而受到广泛关注。2006 年 Marris 在 *Nature* 杂志发表文章指出，当前生物质炭化还田可能是应对全球气候变化的一条重要途径[3]，同时为废弃物的管理及循环利用、土壤培肥、温室气体减排等提出综合解决方案，实现低碳发展。2007 年 Lehmann 在 *Nature* 上发表文章阐明，生物质炭能够锁定和降低大气中的 CO_2，生物质炭每年最多能够从大气中吸收 55 亿～95 亿 t 碳，并以生物质炭的形式将碳封存在土壤中，不仅能够解决当前全球气候变化问题，减缓温室效应，同时还能够改善土壤肥力[4]。Yu 等[5]、Spokas 等[6]的研究均表明，外源生物质炭可抑制土壤中甲烷、二氧化碳等温室气体的释放。因此，生物质炭在减缓全球气候变化上具有巨大的潜力[7]。

近些年，生物质炭用于缓解和控制土壤污染等方面的研究逐渐引起学者们的兴趣。生物质炭具有丰富的孔隙及巨大的比表面积、较高的 pH 及阳离子交换量（cation exchange capacity，CEC）、较强的吸附性、高度的稳定性等独特的理化性质[4-8]，生物质炭的人工输入可以改变土壤的理化性质，能极大地提高土壤的保水、保肥能力和土壤团聚体稳定性；同时，还可以固碳减排、利用农业废物资源[9]。生物质炭的碳元素含量在 60%以上，并含有氢、氧、氮、硫等元素[10]。生物质炭具有多级孔隙结构、巨大的比表面积，同时带有大量的表面负电荷和较高的电荷密度，生物质炭高度芳香化并具有高度的稳定性，其表面含有羧基、酚羟基、羰基、内酯、吡喃酮、酸酐等多种官能团，这使生物质炭还具有很好的吸附污染物质的性能[11,12]，对土壤环境中的重金属和有机污染物的环境行为和转归有重要的影响，故其被用来作为许多污染物的优良吸附剂修复污染土壤[13]。生物质炭可减少农药的植物吸收及在蚯蚓体内的累积[5,14]。生物质炭在土壤中为土壤微生物群落提供良好的居所进而影响土壤中的微生物类群与功能，而其本身不被微生物消化，可在土壤中保持上百年甚至千年。正是基于生物质炭所具有的这些特性，生物质炭被广泛施用于特定的土壤以期在持续捕获碳的同时改善土壤的理化性质，提高土壤肥力。因此，可考虑将生物质炭作为污染物质的吸附剂和土壤改良剂，并用来修复受污染土壤和提升土壤质量。

正是由于生物质炭在土壤固碳、改良土壤、土壤污染控制与修复中的多重重要功能，其在田间施用具有重要的环境意义，目前在世界上已形成了生物质炭农业应用的热潮，并成为各国政府和国际组织、非政府组织推动农业应对气候变化的主要领域。以生物炭农业应用为核心，可以解决农业、能源、环境及气候等多方面的问题，是一举多赢的战略[15]（图 1-1）。近年来，生物质炭的相关研究已成为环境化学、温室气体减排等领域的研究热点。

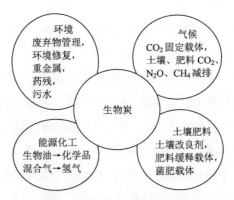

图 1-1　生物质炭用途的多样性

1.2　阿特拉津概述

阿特拉津（atrazine，AT），别名为莠去津，化学名为 2-氯-4-乙基胺-6-异丙基胺-1，3，5-三嗪，是一种均三氮苯类除草剂农药，分子式如图 1-2 所示。自从 1952 年盖吉化工公司（Geigy Chemical LTD.）研发成功，6 年后获取瑞士专利，次年即正式投入商业生产和销售[16]。

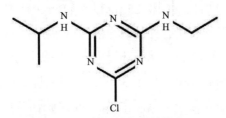

图 1-2　阿特拉津化学结构式

阿特拉津属于高效的选择性内吸传导型苗前、苗后除草剂农药，在我国可常用于果园、甘蔗、玉米、高粱、林地等，对于抑制一年生禾本科杂草、阔叶杂草及部分多年生杂草等表现出良好效果[17]。阿特拉津因其具有生产成本低廉、抑草效果明显等特点，在世界各国农业生产中普遍受到欢迎。我国是世界上主要的农业大国之一，各类农药等化学品的生产与使用量均为世界领先[18]。20 世纪 80 年代初期，我国开始正式使用阿特拉津。据统计数据表明，1996 年阿特拉津每年的使用量已达 1800 t，并且以年均 20% 的速度增长[19]。在发达国家，阿特拉津的使用同样广泛和普遍。如阿特拉津已被美国列为最广泛使用的除草剂之一，使用量约占其除草剂总量的六成，每年喷洒阿特拉津的量为 $3.5×10^8$ kg[20]。日本自 1965 年登记该农药以来，每年的生产量超过 1750 t[19]。

研究表明，阿特拉津进入土壤和水体环境后将产生明显的生态环境效应。由于阿特拉津具有结构稳定、半衰期长（8～52 周）、难以生物降解和被微生物矿化的过程极为缓慢等特点，因此，20%～70%的阿特拉津能够长时间地存在于施用土壤中（不同的土壤类型将导致在土壤中的持留时间不同），这部分阿特拉津可随着地表径流、淋溶等作用对地表水和地下水造成污染风险[21,22]。阿特拉津的主要降解产物是去乙基阿特拉津（deethylatrazine，DEA）、去异丙基阿特拉津（deisopropylatrazine，DIA）、羟基阿特拉津（hydroxyatrazine，HA），其中前两者具有与阿特拉津相似的毒性效应[23]。

值得关注的是，随着降水、淋溶和地表径流等作用的影响，土壤中的阿特拉津及其降解产物可能迁移进入水体环境，引起地表水和地下水污染，风险不容忽视[24]。自 20 世纪阿特拉津投入商业使用以来，阿特拉津及其降解产物已在美国、日本、中国等多个国家和地区的地表水[25]、地下水[26]、雨水[27]、大气[28]中检出。例如，在美国，阿特拉津已成为威胁地表水和地下水质量的第 2 号污染物，引起社会的广泛关注[29]。有报道表明，1993 年在美国堪萨斯州和明尼苏达州的井水中阿特拉津的浓度分别为 7.4 μg/L 和 25 μg/L[30]。Buser 研究瑞典的 18 个湖泊中阿特拉津的检出情况，发现在所有样品中均检出阿特拉津，浓度高至 4 μg/L[31]。

多项研究均表明，阿特拉津属于环境内分泌干扰物质，已引起各国政府部门的重视和监控[32]。阿特拉津浓度低于 3μg/L 会破坏动物（如仓鼠等）的染色体，在遗传学上对生殖系统亦会产生负面作用，如影响精子的生成与成熟，影响卵巢和乳腺功能，导致发病率大升[33,34]。阿特拉津亦可能对人体有潜在的致癌作用，特别是存在沿食物链传递和放大的风险。有研究表明，阿特拉津会导致 CYP19 酶活性升高[35]。另外，阿特拉津进入人体后，对人体的肝脏、肾脏、心肺和再生繁殖等方面产生不良作用[36,37]。

中国是农业大国，农业土壤质量与人们的生产、生活密切相关。近年来，耕地受农药污染严重，以牺牲环境为代价的传统农业生产模式已不能适应社会发展的需要。农药等人工合成化学品对生态环境的潜在风险研究已迫在眉睫。阿特拉津的广泛使用，导致其在全球的生产和使用量均较大且呈逐年上升的趋势。因此，国内外已有学者深入探究阿特拉津的环境行为及其污染效应，阿特拉津污染水体和土壤的修复研究亦已引起广泛关注。

1.3　生物质炭吸附性能研究的主要问题

近年来，我国在农业生产中大量施用化学品，导致土壤和农产品质量下降，农业外源污染问题呈加剧之势。随着农业生产集约化程度不断提高，为减少劳动力、节约成本和提高效率，大量使用除草剂导致农业土壤质量下降，进而威胁食物链安全。探索能够经济、有效地改善土壤质量的途径是保障农产品质量与安全的必然选择。利用热带地区大量产生的农业废弃物制备生物质炭还田，可为热带农业废弃物资源化利用提供新的途径。这种方式能否改善农业土壤性质，对典型有机污染物的环境行为有何影响，能否促进农业清洁生产的实现，其过程与机理是值得关注和研究的科学问题。

由于土壤、沉积物是各类外源污染物质的主要归宿地，进入环境中的污染物最终将在土壤、沉积物中积累。因此，污染物在土壤中的环境行为及其与土壤生态系统的相互作用等已成为土壤学、生态学和环境科学研究的重要课题。近十几年来随着环境污染物测试和提取纯化技术的发展，人们逐渐开展了污染物在土壤环境中的转归和对生态环境影响的研究。如何利用有效措施减缓因环境污染物质的引入而造成的区域性生态环境风险是环境科研工作者关注的问题之一。大量研究表明，受污染土壤对生物体的危害并不完全取决于污染物的总量，而是与生物可利用的部分密切相关[38-40]。污染物的吸附解吸行为决定了生物可利用到的污染物的量，即决定了污染物的生物可利用性。土壤中污染物的解吸过程并不是吸附过程的简单逆过程[41-43]，即吸附在土壤上的污染物只有部分会依照经典的吸附解吸模型解吸下来（称为可逆吸附组分），残余部分则很难从土壤中解吸下来（称为不可逆吸附组分），通常把这种现象称为"锁定""不可逆吸附"或"解吸滞后（迟滞）"。一般认为土壤中一些"高能态物质"（如生物质炭）是导致锁定的重要因素[44,45]。

目前，在环境化学和环境工程学上开展的有机污染物在环境介质上的吸附研究工作已取得大量实质性的结论。如土壤对有机污染物的吸附主要是由疏水性有机污染物（HOCs）与土壤之间的范德华力和液相熵支配。土壤与有机污染物之间的吸附作用机理对于污水处理、土壤污染修复起着非常重要的作用[46,47]。然而，以热带作物废弃物为前驱物制备的生物质炭性质如何？其对农药在农业土壤中的环境行为的影响程度如何，机理是什么？这些都尚不清楚，是学术界亟待解决的科学问题。

生物质炭调控有机污染物在土壤上的吸附和解吸主要有两方面作用：①提高土壤对有机物的吸附，达到截留固定有机物、防止有机物向深层土壤和地下水迁移，缓解深层土壤和地下水受污染程度的目的；②减少土壤对有机污染物的吸附，提高解吸能力，可实现土壤和地下水有机污染的洗脱修复。无论是为了了解和控制生物质炭本身及共存有机污染物在环境中的迁移转化和归宿，还是为了有效利用生物质炭控制和修复土壤及地下水有机污染，都需要进一步了解研究有机物和生物质炭在土壤上的吸附行为，掌握生物质炭对有机污染物在土壤吸附行为影响的作用机理。

近年来，研究人员围绕生物质炭的制备，性质表征及其对重金属、有机污染物的吸附行为和吸附机理的研究开展了探索性的工作，并积累了一定的研究成果，例如，发现生物质炭对具有平面结构的有机污染物的吸附能力比土壤中其他有机质强 10 倍以上；发现由于制备条件的不同生物质炭比表面积、孔径分布和表面官能团的不同是影响生物质炭吸附有机污染物的重要因素，并探讨生物质炭吸附机理可能使有机污染物被封锁在生物质炭封闭域或者发生孔变形。虽然目前生物质炭对污染物在土壤中的吸附解吸行为研究已有较多的报道，但研究内容多集中于吸附过程，较少涉及解吸行为及机理研究，并且对于选择阿特拉津为目标污染物系统开展环境行为的研究亦不多，仍存在很多方面有待加强和研究：①虽然已有分配模型表征有机物在土壤上的吸附，但难以对低浓度有机物的非线性吸附部分进行有效预测，预测精度有待提高，在实际应用中受到限制；②对于生物质炭增加有机物在土壤上吸附固定作用方面，需要发展提高生物质炭在土壤上吸附的方法，以进一步提高土壤吸附固定有机污染物的能力；③对于生物质炭增强洗脱土壤有机污染，需要从洗脱方法的实际可用性出发，研究最小化生物质炭的吸附、分配等损失，了解不同生物质炭种类用于洗脱有机物的土壤类型和环境适合性规律，研究生物质炭在环境介质中的归趋；同时也需要提高生物质炭使用对环境的接受能力，考虑生物质炭对环境的负面效应；④需要从控制和修复土壤中有机污染的实际高浓度生物质炭用量出发，研究土壤对生物质炭的吸附贡献能力，比较分析有机质和黏土矿物种类及含量对生物质炭吸附的大小，探讨生物质炭的吸附机理，为拓展生物质炭在土壤中的吸附效应及其应用提供理论指导。

本书以典型热带农业废弃物木薯渣和甘蔗渣为前驱物,在不同温度下制备不同来源和性质的生物质炭。在此基础上,对生物质炭的理化性质进行表征,对以阿特拉津为代表的农药污染物,开展生物质炭对其的吸附解吸迟滞行为的影响研究,并进一步研究了不同时间尺度下生物质炭土壤的吸附性能变化,明确生物质炭的作用,阐明其对土壤中阿特拉津的隔离机理及规律,探讨生物质炭的结构特征—吸附性能—吸附机理间的定量关系。本书通过控制炭化温度来调控生物质炭的吸附性能及机理,为准确预测阿特拉津的环境化学行为提供理论依据;了解及调控农药等有机污染物在土壤上的吸附行为,对防止和修复环境污染具有重要的意义;对合理评价生物质炭农用的环境效应,预测土壤残留农药的污染风险,以及探讨土壤中农药污染治理策略具有重要的理论指导意义,同时为利用热带农业废弃物开发高效、廉价的生物质炭类环境吸附功能材料提供参考。

1.4 有机污染物在土壤中的吸附行为及机理

随着现代化工业和农业的快速发展,各类天然的和人为合成的有机物质通过"三废"排放进入各种环境介质(如土壤、水体、大气等)中,进而造成不可估量的环境污染代价和经济损失,威胁人类健康,破坏生态系统平衡,制约可持续发展进程,已引起社会和学术界的关注。农业生产中大量施用的农药由于持续性输入,农业土壤质量退化,累积于土壤环境中对地下水和农产品质量造成威胁。因此,控制和修复农药等有机污染物残留导致的土壤污染,是农业环境保护领域亟待解决的问题。

深入研究有机污染物在环境中的行为(包括吸附、迁移、降解及生物有效性)及其规律,是农业土壤修复的首要环节。自然环境由多种介质组成,体系极为复杂,因此,污染物在自然环境中呈现的生态效应亦极为复杂,多体现为各种物质与自然界本身固存的物质间相互作用的综合效应。

农药、多环芳烃、多氯联苯等有机污染物进入环境后的环境行为受其自身的理化性质和环境因素的影响。有机污染物在土壤上的吸附行为是最重要的环境行为,决定其生物有效性,并将影响地下水治理效果[48]。多年以来,已有研究从物理、化学和生物等多学科角度深入研究如何控制和修复土壤与地下水有机污染,相应技术亦多有报道,取得了一定的成果。然而,无论采取何种技术,了解有机污染物在土壤中的吸附行为是首要且必需的。

20 世纪 50 年代，由于农业生产中农药的应用，对杀虫剂和除草剂等农药的有效性和安全性进行合理、准确的评价迫在眉睫。然而，随着农药使用量的增大和各种新品种的出现，20 世纪 70 年代前后，土壤和水体中有机污染物导致的环境问题已成为社会关注的热点。因此，自那时起有学者着手研究土壤中有机污染物的吸附解吸行为，并探讨其环境归宿和生物有效性。20 世纪 80 年代，有学者研究了有机污染物在土壤中的吸附解吸行为及机理，尝试运用各种模型来定量解释和预测其行为。

1.4.1　有机污染物的吸附作用机理

土壤组成的复杂性和特异性，限制了有机污染物在土壤上的吸附理论的发展和对吸附机理的认识。Chiou 认为水的强烈竞争吸附能力导致土壤矿物质未能较强地吸附有机物[49]。还有许多学者认为某些有机物在水饱和性土壤中多为线性吸附等温线，吸附程度与有机质含量间有着较显著的正相关性[50-53]。Chiou 等提出了分配理论[54]，即有机物吸附的过程是有机物分配到有机质的过程。在 20 世纪 90年代初，Chiou 等开展的系列研究发现有机物的吸附取决于土壤有机质的含量而与比表面积无关[55-57]。诸多学者的证据（如当有机物平衡浓度很高时吸附等温线呈直线[58-61]；多种非离子化合物共存时无显著的竞争吸附现象[61,62]；存在较低的吸附热，与有机物的溶解热相近[49,62]）。

随着研究的深入，单一的分配理论虽然形式简单、使用比较方便，但仍然难以合理、充分地解释有机物在低平衡浓度时表现出的非线性吸附[63-66]、竞争吸附[67-69]、解吸迟滞[70,71]等现象，因此在实际应用中受到限制[72]。

近年来，越来越多的学者认为，有机物的分配作用主要由土壤有机质决定。有机物在土壤上的吸附作用系分配作用与表面吸附作用的综合体现。当有机污染物处于高平衡浓度范围时，线性分配作用为主，总的吸附等温线呈线性；反之，后者占主导地位，导致总的吸附等温线呈非线性。然而，目前尚无确切证据证明非线性表面吸附的起因，学术界尚有以下看法：①所有有机物（含极性和非极性）的非线性吸附均起因于土壤中有机质的作用；②极性物质的非线性吸附主要来源于有机质的某种特殊作用，而对于非线性物质来说，主要来自土壤中的少量高比表面碳类物质（high-surface-area carbonaceous matraial）；③土壤矿物质的表面吸附导致极性物的非线性吸附；而高比表面碳类物质将产生非极性物的非线性吸附。但是上述结论仍有待进一步证实。

1.4.2 有机污染物的吸附模型

在对吸附过程的研究中，研究人员尝试从吸附热力学、吸附动力学等不同角度对吸附过程与规律进行分析，以期准确、合理分析吸附剂性能，并剖析与阐述其吸附机理。已有研究提出了多种吸附模型（方程），力求从机理上探讨有机污染物在不同环境介质（如土壤、水溶液）中的吸附平衡。

1. 等温平衡吸附模型

对于有机物等温吸附曲线的描述，常用的模型有线性分配模型、Freundlich 模型、Langmuir 模型、BET 模型、复合吸附反应模型和双元吸附模型。

1）线性分配模型

线性分配模型可以用来描述分配作用起主导作用的吸附过程，形式如下：

$$q_e = K_d C_e \tag{1-1}$$

式中，C_e 和 q_e 分别为平衡浓度（mg/L）和平衡吸附量（mg/g）；K_d 为直线分配系数。

考虑吸附剂中的有机质对分配作用的贡献率大，故可用有机碳含量对式（1-1）中 K_d 值予以标化，衡量在吸附过程中有机质的利用率，当用有机碳质量 f_{OC} 标化，有机碳标化的分配系数 K_{OC} 的计算如下：

$$K_{OC} = K_d / f_{OC} \tag{1-2}$$

2）Freundlich 模型

Freundlich 模型为经验性模型，形式如下：

$$\lg C_s = \lg K_f + 1/n \lg C_e \tag{1-3}$$

式中，C_s 为吸附质在单位质量吸附剂中被吸附的浓度，C_e 为平衡溶液吸附质浓度，K_f 和 $1/n$ 是与温度有关的常数，其中 K_f 代表吸附容量，但不代表最大吸附量。它与吸附质吸附速率成正比。$1/n$ 反映吸附的非线性程度及吸附机理的差异，其值越大，表示吸附质吸附强度越大。在解吸方程式中，以 $K_{f,des}$ 代替 K_f。

3）Langmuir 模型

Langmuir 模型是一个理想的吸附状态，其线性形式如下：

$$1/q_e = 1/Q_m + 1/(K_L Q_m C_e) \tag{1-4}$$

式中，单位质量吸附剂吸附量 q_e 等同于式（1-3）中的 C_s，吸附系数 K_L 是表征吸附表面强度的常数，与吸附键合能有关；其解吸参数以 $K_{L,des}$ 表示。Q_m 则为吸附质单分子层吸附时的最大吸附量。

4）BET 模型

BET 等温吸附模型可用于描述多分子层的吸附过程。方程如下：

$$q_e = \frac{q_{max}BC_e}{(C_s - C_e)[1+(B-1)C_e/C_s]} \tag{1-5}$$

式中，C_s 为吸附质的溶解度（mg/L）；q_{max} 为多分子层饱和吸附量（mg/g）；B 为与温度有关的常数。

5）复合吸附反应模型和双元吸附模型

Weber 等提出了一种复合吸附反应的模型（dual reactirity sorption model，DRM），见式（1-6）。

$$q_e = \sum_{i=1}^{m} q_e^i \tag{1-6}$$

式中，m 通常为 1 或 2，为非线性吸附的区域个数。

DRM 可简化为双元吸附模型（dual modes sorption model，DMM）[73,74]，即由一个线性吸附组分和另一个朗格缪尔模型的非线性吸附组分组成。

DMM 如下：

$$q_{e,T} = q_{e,L} + q_{e,NL} = K_{D,L}C_e + \left(\frac{Q_i^0 b C_e}{1+bC_e}\right) \tag{1-7}$$

式中，$q_{e,T}$，$q_{e,L}$，$q_{e,NL}$ 分别为总的、线性组分的和非线性组分的吸附剂浓度。

有研究表明，在研究有机污染物低平衡浓度下的非线性吸附时，DMM 表现出较好的拟合效果，亦表明该模型能较好地解释非线性吸附现象[75]。

2. 吸附动力学模型

准一级动力学模型及其线性形式如下：

$$\frac{d_{q_t}}{d_t} = k_1(q_e - q_t) \tag{1-8}$$

$$\ln(q_e - q_t) = \ln q_e - k_1 t \tag{1-9}$$

式中，k_1 为准一级吸附速率常数（min^{-1}）。

准二级动力学模型见式（1-10），准二级动力学模型的线性形式见式（1-11）。

$$\frac{\mathrm{d}_{q_t}}{\mathrm{d}_t} = k_2(q_e - q_t)^2 \tag{1-10}$$

$$\frac{t}{q_t} = \frac{1}{k_2 q_e^2} + \frac{t}{q_e} \tag{1-11}$$

式中，k_2 为准二级吸附速率常数[g/（mg・min）]。

1.5 生物质炭对有机污染物吸附行为和生物有效性的影响

1.5.1 生物质炭对有机污染物吸附解吸行为的影响

生物质炭具有特殊的孔隙结构和表面特征，是一种吸附有毒污染物质的优良吸附剂，可用来修复污染土壤[13]，同时由于其丰富的孔隙结构能够将污染物固定下来[76-78]，高度的芳香化结构使得生物质炭具有良好热稳定性[10]，进而对土壤中农药等有机污染物的环境行为造成长期的影响[79,80]。近年来生物质炭农业使用的环境效应研究是研究热点[81,82]。特别是人工制备的生物质炭对有机污染物的吸附行为，受到国内外学者的极大关注[83-86]，并取得一定的突破，如生物质炭的表面结构特征与其吸附性能间存在较好的相关性。

对于生物质炭对土壤中有机污染物的吸附固定作用的相关研究早有报道。Hilton 和 Yuen 研究[87]发现，在美国夏威夷的一些甘蔗田土壤，将甘蔗直接燃烧还田积累的生物质炭对除草剂有很强的吸附作用。生物质炭对农药的吸附能力很强，敌草隆在土壤中的吸附行为会受小麦、水稻秸秆焚烧产生的灰分影响。Zhang 等研究表明，施用生物质炭能够降低土壤中五氯酚的解吸速率[88]。Sheng 等研究表明，以小麦和水稻秸秆为原材料制备的黑炭具有较强的吸附能力，对农药的吸附能力是一般土壤的 400～2500 倍。当向土壤中添加黑炭的量超过 0.05%时，土壤对农药的吸附则以黑炭吸附为主[89]。Spokas 等研究得到，当向土壤添加 5%的以木屑为原料制备的生物质炭时，土壤对莠去津和乙草胺的吸收会明显增加[6]。土壤中的苯脲除草剂、敌草隆也能被黑炭吸附[90]。即使在土壤中施入少量的生物质炭（0.05%）也能有效降低有机污染物的植物有效性，同时减少其在植物体内的富集[91-93]。张耀斌等研究表明，当黑炭与土壤中有机碳量的相对含量为 0.30～0.61 时，土壤中的黑炭主导了土壤的吸附行为[94]。Yang 等发现在施用生物质炭的土壤里，毒死蜱和氟虫腈的残留率虽然较高，但所栽种的韭菜对农药吸收却明显降低[95]。以赤桉树树屑制备的生物质炭对土壤中的嘧霉胺在 24 h 内也有很好的固定效果[96]。

较高热解温度下获得的生物质炭对草净津的吸附能力也较好。Wang 等研究表明，在较高热解温度下制备的生物质炭对草净津的吸附能力亦较好[93]。余向阳等研究表明，土壤中添加生物质炭的量越高，与敌草隆吸附接触的时间越长，土壤中敌草隆就越难被解吸，当土壤中添加生物质炭的量为 1.0%，吸附 56 d 处理的敌草隆解吸率为 1.81%[97]。Zhang 等以玉米秸秆为原料制得生物质炭，其对西玛津的吸附能力超过了以木本类生物质为原料制得的生物质炭[98]。王廷廷等研究表明，施入生物质炭可提高土壤对氯虫苯甲酰胺的吸附活性，但提高程度因土壤性质不同而异[99]。

Braida 等研究得到，枫树木材热解产生的黑炭对苯不仅有很强的吸附作用，而且有明显的解吸迟滞现象[84]。Sander 等发现用双模位点-L 型来描述苯、甲苯和硝基苯在黑炭上的吸附等温线更为合适[100]。Schaefer 研究证实，黑炭是一种对多环芳烃等有机污染物具有强吸附作用的超强吸附剂[81]。Chen 等研究发现，生物质炭对多环苏烃（polycydic aromatic hydrocarbons，PAHs）的吸附能力与孔径大小、污染物分子大小有关[101]。Cui 等研究发现，水稻秸秆基生物质炭能提高沉积物中多环芳烃的吸附量[102]。而黑炭主要对高环 PAHs 的吸附能力较强[103]。Li 等研究表明，添加木炭后土壤对五氯苯酚的吸附能力及吸附等温线的非线性均明显增加[104]。橘子皮制备得到的生物质炭对 1-茶酚的吸附容量显著大于萘[105]。曹心德等在 2009 年的第五届全国环境化学大会上指出可利用基于农业固体废物的生物质炭诱导钝化修复污染水体与土壤[106]。齐亚超等研究了黑炭对土壤/沉积物中菲吸附和解吸行为的影响，并用双元平衡解吸模型对解吸行为进行了预测[107]。Chen 和 Yuan 发现，外源生物质炭能显著地增强土壤对 PAHs 的吸附能力[108]。Jones 等的研究则表明，添加生物质炭可有效减弱农药等污染物的渗漏[109]。

此外，生物质炭还能够强烈吸附憎水性有机污染物[100]和持久性有机污染物，如多环芳烃、多氯联苯[110]、多氯代二苯并二恶英、多氯代二苯并呋喃、多溴联苯醚、3-氯酚[46,111]和五氯酚[112]等。

对生物质炭在减缓农药、多环芳烃等有机污染的环境风险，控制有机污染的迁移转化等方面的研究亦有报道。Yang 等研究发现，施用黑炭后可减缓土壤中有机污染物的降解，并且随着黑炭含量的增加，减缓作用不断加强。Zhang 等研究发现，在土壤泥浆添加生物炭后，提高了土壤中苯甲腈的降解速率[113]。花莉等研究发现，施用生物质炭后可有效地抑制污泥-土壤体系中多环芳烃向环境中的迁移，并降低潜在的环境风险[114]。Beesley 等研究发现，生物质炭可提高土壤微生物活性，促进降解效率[115]。王廷廷等研究发现，生物质炭可减缓土壤中氯虫苯甲酰胺的降解。在土壤中添加生物质炭后，氯虫苯甲酰胺的降解半衰期被延长[99]。

尽管大量研究发现，生物质炭能较好地调控土壤和地下水有机污染，但是要大面积投入实际使用，仍有大量的工作要做，如生物质炭中含多环芳烃类物质，故其本身也可能是一种污染源，另外生物质炭的成本亦是需要考虑的问题。

1.5.2 生物质炭对有机污染物的吸附作用机理分析

近年来，对于生物质炭的吸附机理主要采用"二元吸附模式"来解释有机物在生物质炭土壤中的吸附解吸过程，该理论认为土壤中存在无定形有机质与生物质炭在内的碳质吸附剂这两种不同吸附特性的土壤有机质，前者通常又被称为"软碳"，呈松散非刚性的橡胶质结构，对于有机污染物的吸附机理主要是线性分配，后者常又称为"硬碳"，呈致密刚性玻璃质结构，其对有机污染物的吸附机理主要是非线性表面吸附，而土壤吸附有机污染物的具体机理则是由土壤含有两种碳的比例决定[101,116]。

Gustafsson 等假设黑炭吸附机理应包含相转变能的作用，当黑炭吸附的吸附质达到半固态时，焓和熵是造成黑炭吸附的主要原因之一[117]。Michiel 等认为，这是由于吸附质被物理诱捕进入吸附剂中及孔隙吸附的综合作用[118]。Cornelissen 等研究表明，有机物会与环境中黑炭有限吸附位发生竞争，其结果是减少了黑炭对外源有机物的吸附[119]。Chun 等研究发现，电子或质子接受、给予的相互作用能影响碳的吸附效果[83]。Zhu 等以枫木为前驱物在不同温度下制备生物质炭，认为其对有机污染物的吸附作用主要取决于木炭比表面积、孔结构和表面官能团情况[86]。Braida 等研究发现，枫木基生物碳在吸附苯时，炭孔隙发生明显膨胀，因此首次提出孔隙填充理论，并用孔隙膨胀来说明吸附解吸不可逆现象[84]。

浙江大学陈宝梁的研究团队较早开展了不同温度下制备的生物质炭对有机污染物的吸附作用机理、构-效关系及演变规律方面的研究。结果表明，随着裂解温度的升高，生物质炭的吸附机理从以非碳化有机碳组分中的分配作用为主过渡到以碳化组分上的表面吸附为主[101,120]。但不同炭化温度下生物质裂解过程、组成与结构变化特征及对不同有机污染物的吸附作用机理及构-效关系等方面的研究仍有待完善。

1.5.3　生物质炭对土壤-作物系统的影响

1. 对土壤改良效应的影响

1）对土壤物理性质的影响

土壤质地、孔隙分布、保水性等物理性质是影响土壤中水分运移的重要因子，也是影响土壤中污染物运移的重要因子。具有非均质颗粒、多孔结构、巨大的比表面积等特性的生物质炭与土壤的相互作用必然影响土壤物理性质[121]。土壤作为一种多孔介质，其孔隙率、孔隙分布和孔隙连续性一起控制土壤生态系统中的重要的物理和化学功能，土壤保水性、气体和水流的运动、通气性都受到土壤结构的影响，而生物质炭的应用可影响土壤结构[122]。在土壤中，由于自然有机分子吸附在生物质炭表面和阻隔孔隙，生物质炭的孔隙率会随时间降低[123]，相反，生物质炭、黏粒和土壤有机质随时间会形成微小团聚体[124]，这将提高土壤孔隙率。总的来说，生物质炭加入土壤中提高土壤的通气性和减少单位体积中的无氧微区域[125,126]。

田间试验表明，生物质炭的添加可增加表层土壤的饱和水力传导度[127]。针对砂性土的研究表明，其水分特征曲线表现出明显的随生物质炭增加土壤持水能力增加的趋势，土壤容重和土壤饱和水力传导度减小[128]。针对一种壤砂土的研究发现，生物质炭的添加减小了土壤的贯入阻力，提高其易耕性，增加了土壤的持水能力。但是生物质炭的添加对团聚效果和渗透性没有明显的影响[129]。直径小于 3 mm的竹炭对土壤改良效果好于直径大的颗粒[130]。

2）对土壤化学性质的影响

生物质炭也可以改变土壤的化学特性，生物质炭的巨大的比表面积及其改善的土壤性质可增强对有机和无机化合物的吸附性、元素转化和离子交换能力。生物质炭的宏观分子结构主要是芳香族碳，因此，生物质炭比用来制备它的有机物更难被生物降解[131]。不过，生物质炭也含有一些易分解的有机物，这些有机物可作为贫氮生物质炭的分解初期异养微生物的能源，因此可在短期内带来土壤中氮的固定[132]。生物质炭能改善土壤的通气性使得在很大的土壤含水量的范围内土壤中有足够的氧气含量，从而提高土壤的氧化-还原势。取决于使用的材料和热裂解的温度，生物质炭的 pH 也有较大的变化，对于相同的制备材料，生物质炭的 pH随热裂解的温度可以变化很大（4～10），不同的制备材料，生物质炭的 pH 变化就更大[133]。生物质炭含有各种浓度的灰烬碱性物，它们以 Ca、Mg、Na 等矿物氧化物、氢氧化物、碳酸盐的形式加入土壤中，从而改变土壤的酸性。同时，pH 对土壤中的氧化或还原反应有显著影响[134]。

在酸性土壤中施加生物质炭，有利于提高的土壤的 pH[135]，对热带地区低 pH 和高铝含量的土壤尤其有效[11,136]，并且生物质炭对土壤 pH 的改善持续存在[137-139]。Lehmann 等[140]研究表明，生物质炭富含多种基团，可促使植物吸收营养。邱敬等[141]研究发现，生物质炭多呈碱性，是高效的酸性土壤中和剂。已有研究结果表明，生物质炭对提高砂质和壤质土壤 pH 的效果要大于黏质土壤[142,143]。随生物质炭施加比例增加，土壤 pH 持续增加[128]。但过量施用生物质炭会造成短期内土壤结构过于疏松等不利因素[130,143]。Glaser 等[144]研究发现，生物质炭添加在热带土壤中以后提高溶解性有机质含量。

生物质炭可有效提高营养元素的有效性。有学者认为，这是由于生物质炭能有效地抑制反硝化作用的发生[145-147]；也有学者发现[148]，猪粪滤出液中的 N、P、Mg 等元素的含量与生物质炭添加量呈反比关系；另外，由于生物质炭本身含有 K 元素，农用后可显著增加速效 K 的含量[149]。

3）对 CEC 的影响

土壤 CEC 是影响土壤吸附性的重要因子[150,151]。生物质炭由于具有巨大的比表面积，具有较高的 CEC[130,152]，是良好的吸附剂[153]。大量实验证实生物质炭的添加会增加土壤的 CEC，特别是针对自身 CEC 较低的酸性土壤[136]及砂土和低有机质土壤[142,154]的 CEC 提高有明显的效果，可增强其吸附营养物质及农业污染物的能力[4,8,122]。随时间的增加，在氧化作用下生成的羧基功能团可使得生物质炭的 CEC 有增加的趋势[11,155]。

4）对土壤微生物的影响

生物质炭对土壤微生物的丰度、活性和多样性的影响研究还处于初始阶段。生物质炭加入土壤中可激发土壤中各种微生物的活性并大大影响土壤微生物特性[156]。生物质炭中不同大小的孔隙分布为土壤中的许多微生物提供了适合的居所，保护其不受捕获和干旱的威胁，还提供微生物所需的许多碳源、能源和矿物营养[157]。土壤微生物所提供的生态系统功能包括分解有机质，循环和固定无机营养，产生和释放温室气体，改善土壤的孔隙率、团聚性和渗透性等。土壤微生物的特性和功能随土壤、气候和管理因素，尤其是有机质的添加而变化[158]。生物质炭添加到土壤中对土壤微生物的影响可能明显不同于其他类型的有机质，由于生物质炭的稳定性，当一些初始的可降解物质分解后，生物质炭就不太可能成为微生物的碳源和能源，相反，生物质炭改变土壤的物理和化学特性，从而影响土壤微生物特性和行为。

生物质炭的多孔结构和很大的比表面积可吸收可溶性有机质、气体和无机营养为土壤中微生物的繁殖和生长提供了高度适合的居所，尤其是对于细菌、放线菌和菌根真菌。除了水分，各种气体，包括二氧化碳和氧气将溶解于孔隙水中、占据孔隙或吸附在生物质炭表面[1]。细菌和真菌依赖于它们复杂的胞外酶去降解环境中的基质，支持其代谢活动，为了使胞外酶与环境中的基质充分接触，土壤团聚体、土壤黏粒和生物质炭的比表面积就十分重要，当前，对微生物胞外酶与不同组分生物质炭相互作用机理还知之甚少。

土壤微生物群落与土壤物理、化学性质的相互作用将决定其总的生态功能和生产力，各种生物质炭的物理、化学特性通过改变有机质、矿物营养的可利用性、pH、土壤团聚体和酶活性，增加了生物质炭与土壤相互作用的复杂性。在生物质炭丰富的土壤中细菌和古细菌群落组成的高度相似性说明添加生物质炭的土壤具有显著的微生物群落选择性。不过，还需进一步研究生物质炭添加所引起的群落变化，以及群落的组成和动力学变化会影响到哪些土壤过程[159]。

生物质炭会影响土壤微生物数量和活性，同时改变侵染能力，但是因为影响机理非常复杂，虽然有学者提出各种假设，但至今机理尚不明确[160-163]。

2. 生物质炭对作物生长的影响

在南美亚马逊流域黑土（terra preta）的研究中，最早提出了生物质炭能提高土壤肥力，这种肥沃的黑色土壤含有丰富的生物质炭，其表层土壤中有机碳中的生物质炭含量高达 100～350 g/kg，是相邻氧化土壤中的 10 倍，在该黑色土壤中种植作物的产量约为相邻土壤的 2 倍[164,165]。

生物质炭能够提高土壤肥力，增加如小麦、玉米、水稻、辣椒等作物的产量[136,166]。袁金华等研究发现，以稻壳为原料制备的生物质炭可作为酸性土壤的改良剂[167]。其他学者亦取得类似的结论[168,169]。

生物质炭对土壤的有效改善是其对作物产生积极影响的主要原因[170]。刘世杰等研究发现，随着生物质炭施用量的增加，玉米对氮、磷、钾的吸收量也会增加[171]。张文玲等的研究亦表明，生物质炭可促进植物对营养盐的吸收利用[172]。刘玮晶等的研究表明，生物质炭能够增强土壤对铵态氮素的吸附能力，并显著降低土壤中铵态氮素养分的淋失[173]。

生物质炭可提高土壤肥力和生产力[174,175]。研究表明，生物质炭施入土壤后能显著提高作物种子萌发率，并促进植物生长发育[176-178]。刘玉学[179]等研究发现，50 t/ha 和 100 t/ha 的生物质炭施用量可分别降低黑钙土氮素淋失 29%和 74%。Rondon 等[180]亦取得了类似的结论。小麦秸秆基生物质炭可提高水稻产量，氧化亚氮排放量减少了 21%～28%，而甲烷的释放量增加了 41%[181]。

但总体来说，生物质炭具有良好的物理性质和养分调控作用，施入土壤可以促进作物生产力，提高作物产量[8,137,144]。但亦有研究表明，若在石灰质土壤中同时施用生物质炭和肥料，小麦和萝卜的产量均有所减少[182]。其他学者在其他类型土壤中也有类似的结论，具体原因尚不明确[183,184]。章明奎等研究表明，生物质炭可增加有机碳的氧化稳定性，并降低土壤中水溶性有机碳；但是长期或高剂量地施用生物质炭，可能会对土壤中有机碳品质造成不良影响，降低土壤有机质的活性，从而影响土壤的质量[185]。因此，农业土壤中不适合长期、高剂量地施用生物质炭。

综上所述，国内外对生物质炭的土壤环境效应研究仍处于初始阶段，尚未形成较为系统的应用理论基础[8,186]。我国近年来的研究主要是围绕生物质炭的理化性质[112,187]和生物质炭对农药等有机污染的吸附[159]，少量研究涉及生物质炭对重金属吸附[189,190]，但系统开展生物质炭吸附性能与机理研究的较少，在热带土壤中的相关研究亦较罕见。

第 2 章　生物质炭的制备与性质表征

2.1　引　　言

生物质炭对有机污染物环境行为的影响，是环境科学领域的研究热点之一。以不同前驱物制备的生物质炭，其性质不同；制备温度也是影响其性质的重要因素之一[83,191,192]。

制备生物质炭的原材料较多，近年来对于生物质炭的制备采用的原材料主要包括阔叶树、树皮、作物残余物和有机废物等，其制备过程按裂解条件可分成慢速裂解、中速裂解和快速裂解 3 种基本形式，裂解条件不同，制备的生物质炭在产率和性质等方面均有较大差异[193]。迄今为止，对不同来源生物质炭比较的研究相对较少，以热带农业废弃物为前驱物在不同环境条件下制备生物质炭的研究较为罕见。

在本章的研究中，以热带地区常见的农业废弃物甘蔗渣和木薯渣为前驱物制备生物质炭，采用限氧控温炭化的方式在不同温度下（350～750 ℃）灼烧制炭，并利用仪器分析手段表征其理化性质和结构特征，目的在于为后续分析其对有机污染物环境行为的影响及机理，为筛选高效的环境功能材料提供依据，同时亦可为热带农业废弃物资源化高效利用提出新的思路。

2.2　材料与方法

2.2.1　供试材料

本试验所用生物质炭前驱物为海南地区常见的甘蔗渣和木薯渣。木薯渣由相关厂家提供；甘蔗渣由市面购买甘蔗（海南产）榨汁后所得。

2.2.2　主要仪器设备

元素分析仪（Vario MACRO CHNS，德国）、傅里叶变换红外光谱仪（Nicolet iS10，Thermo Fisher Scientific，美国）、静态氮吸附仪（JW-BK224）、热重分析

仪（TagongsiSDTQ 600，美国）、扫描电子显微镜（EV018 Special Edition，ZEISS，德国）、具程序控温功能的马弗炉等。

2.2.3　生物质炭制备方法

本试验所用生物质炭由甘蔗渣和木薯渣分别于不同温度下灼烧制成（图 2-1）。具体制备方法如下：甘蔗渣和木薯渣风干后（含水率 10%左右），用植物粉碎机粉碎，粒径控制在 3 mm 以下，然后填充到瓷坩埚内，加盖密封后置于马弗炉内灼烧，填充密度控制在 0.5 g/m³；以 10 ℃/min 的升温速率升到 200 ℃，恒温 2 h，实现甘蔗渣和木薯渣的预炭化；然后甘蔗渣和木薯渣以同样的升温速率升温至 350 ℃、450 ℃、550 ℃、650 ℃和 750 ℃热解炭化 3 h。冷却至室温后取出，并测试产率。研磨过 100 目的筛，密封储存备用。

（a）甘蔗

（b）木薯

图 2-1　甘蔗渣基生物质炭和木薯渣基生物质炭及其前驱物

在本书中，以甘蔗渣为前驱物在 350 ℃、450 ℃、550 ℃、650 ℃和 750 ℃下制备的生物质炭称为 GZ350、GZ450、GZ550、GZ650 和 GZ750；以木薯渣为前驱物在 350 ℃、450 ℃、550 ℃、650 ℃和 750 ℃下制备的生物质炭称为 MS350、MS450、MS550、MS650 和 MS750。其中，GZ、MS 分别代表甘蔗渣和木薯渣，数字代表炭化温度。

2.2.4 生物质炭性质表征方法

1. 生物质炭产率、灰分和 pH 测定

产率测定：称量炭化前后甘蔗渣和木薯渣的干重，前后质量比即为产率。

灰分测定：称取已过 100 目筛的生物质炭（1.000±0.0002 g），平铺于 800 ℃下灼烧到恒量的带盖瓷坩埚内，置于马弗炉内，使炉温升至 800 ℃，并灼烧 2 h 后，冷却到室温称重。重复性灼烧，每次 30 min，直到生物质炭的减量小于 0.001g 或者质量增加时为止。计算生物质炭灰分含量，计算公式为

$$A = \frac{m_2 - m_1}{m} \times 100\%$$
(2-1)

式中，A 为生物质炭样品中灰分量（%）；m 为灼烧前生物质炭样品量（g）；m_1 为空瓷坩埚质量（g）；m_2 为灰分和瓷坩埚质量（g）。

pH 测定：生物质炭的 pH 按一定的固液比（1∶20）与去离子水振荡混匀后，静置一段时间测定上清液的 pH。

2. 扫描电子显微镜

生物质炭的结构和表面形态采用扫描电子显微镜（简称扫描电镜，scanning electron microscope，SEM）表征。取约 10 mg 的生物质炭样品粘在样品台上，然后使用扫描电镜观察其大小、形状和表面特征，操作加速电压为 20.0 kV，温度为室温。

3. 热重分析

样品用量 10~15 mg；温度范围为室温至 900 ℃；N_2 氛围，升温速度 10 ℃/min，流量为 60 ml/min。绘制热重分析（thermo gravimetric，TG）曲线，取微分绘制差热（differential thermal，DT）曲线。

4. 比表面积和孔径分布的测定

生物质炭的比表面积、孔径分布等采用静态氮吸附仪测定。由吸附数据采用

BET 公式计算总比表面积，根据液氮吸附值换算成液氮体积得到总孔容和平均孔径。

5. 元素分析

采用元素分析仪对生物质炭样品进行 C、H、N、S 4 种主要元素的分析。C/H 比值表示生物质炭的芳香性和极性大小[194]。

6. 红外测定

生物质炭研磨过 200 目筛，将生物质炭粉末与纯溴化钾（KBr）粉末按 1∶150 研磨均匀，取 200 mg 进行压片（将样品混匀后转移至模具中，放好压杆，抽空，再放到油压机上以 10 t/cm 的压力保持 5 min，制得透明薄片），制得薄片在 110 ℃ 下真空干燥 24 h，以减少 KBr-H_2O 的影响。压片后采用尼高力傅里叶变换红外光谱仪进行红外光谱（FTIR）光谱分析，扫描范围为 400～4000 cm⁻¹，扫描分辨率为 4.0 cm⁻¹，扫描 32 次累加。

7. Boehm 官能团滴定

分别加入 50 ml 浓度为 0.1mol/L 的碱溶液（$NaHCO_3$、Na_2CO_3、NaOH、$NaOC_2H_5$）于装有 0.5 g 生物质炭的锥形瓶中，25 ℃ 条件下 150 r/min 恒温振荡吸附 48 h，取上层清液以 0.1 mol/LHCl 进行反滴定至 pH 接近 7；加入 50 ml 浓度为 0.1 mol/L HCl 溶液于装有 0.5 g 生物质炭的锥形瓶中，25 ℃ 条件下 150 r/min 恒温振荡吸附 48 h，取上层清液以 0.1 mol/L 的 NaOH 进行反滴定至 pH 接近 7。不同种类的官能团可根据酸或碱的消耗量来计算。$NaOC_2H_5$ 可以中和所有的酸性基团；NaOH 可以中和羧基、酚基和内酯基；Na_2CO_3 中和羧基和内酯基；$NaHCO_3$ 仅中和羧基；表面碱性基团的量由 HCl 与生物质炭反应的量来计算。

8. CEC 测定

生物质炭 CEC 的测定采用氯化钡-硫酸强迫交换法。根据生物质炭中存在的各种阳离子可被 $BaCl_2$ 水溶液中的 Ba^{2+} 等价交换。再用硫酸溶液把已经交换到土壤中的 Ba^{2+} 交换下来，生成 $BaSO_4$ 沉淀。由于 H^+ 具有较强的交换吸附能力，使交换反应基本趋于平衡。最后测定反应前后 H_2SO_4 溶液含量的变化，计算反应过程消耗的硫酸量，以此计算生物质炭的 CEC。

2.3　结果与讨论

2.3.1　生物质炭的产率、灰分含量和pH

根据不同温度下制备的生物质炭的产率及灰分含量计算出木薯渣和甘蔗渣制备生物质炭的净产率，公式如下：

$$净产率（g/g）= \frac{产率×（100-灰分含量）}{10000} \qquad （2-2）$$

以热带农业废弃物木薯渣和甘蔗渣为前驱物在不同热解温度下制备的生物质炭的 pH 产率、灰分含量和净产率见表 2-1。

表 2-1　生物质炭的 pH 产率、灰分含量和净产率

前驱物	代号	温度/℃	pH	产率/%	灰分含量/%	净产率/(g/g)
甘蔗渣	GZ350	350	5.56	25.27	5.97	0.24
	GZ450	450	6.44	22.28	6.45	0.21
	GZ550	550	8.92	18.20	7.96	0.17
	GZ650	650	9.17	17.47	7.96	0.16
	GZ750	750	9.45	16.79	8.03	0.15
木薯渣	MS350	350	6.08	29.80	12.79	0.26
	MS450	450	7.24	29.64	16.37	0.25
	MS550	550	7.41	23.61	17.12	0.20
	MS650	650	9.39	21.55	23.42	0.16
	MS750	750	9.55	18.79	30.56	0.13

注：元素组成未经灰分校正

pH 代表了生物质炭所含有酸性和碱性物质的含量。pH 的升高，说明生物质炭中的碱性物质不断积累，这可能与灰分含量不断增加有关。由表 2-1 可知，同一热带农业废弃物为前驱材料制备的生物质炭的 pH 存在差异，随着热解温度的升高，生物质炭的 pH 逐渐增大。热解温度在 550℃以上制备的甘蔗渣基生物质炭和木薯渣基生物质炭均呈碱性。这主要是因为前驱材料中含有一定量的灰分，部分矿质元素以碳酸盐或氧化物的形式存在，在水溶液中呈碱性，灰分含量越高其 pH 亦越高。此外，生物质炭表面含有羧基和羟基等含氧活性官能团，这些官能团在较高 pH 时以阴离子形式存在，可吸收 H^+，从而呈碱性。在相同温度下制备的木薯渣基生物炭的 pH 比甘蔗渣基生物炭略大，这与制备材料本身性质有关。

由表 2-1 和图 2-2 可知，生物质炭的产率和净产率随热解温度升高而降低，灰分含量随热解温度升高，不断累积，逐渐增加。其中，甘蔗渣生物质炭炭化产率从 25.27%（GZ350）下降到 16.79%（GZ750），450～550 ℃损失最大，产率从 22.28%（GZ450）下降到 18.20%（GZ550），550 ℃后趋于平缓。木薯渣基生物质炭的炭化产率从 29.80%（GZ350）下降到 18.79%（GZ750），450～550 ℃损失最大，产率从 29.64%（GZ450）下降到 23.61%（GZ550），550 ℃后炭化产率缓慢降低。不同炭化温度下，甘蔗渣生物质炭和木薯渣生物质炭的炭化产率变化规律具有相似性。

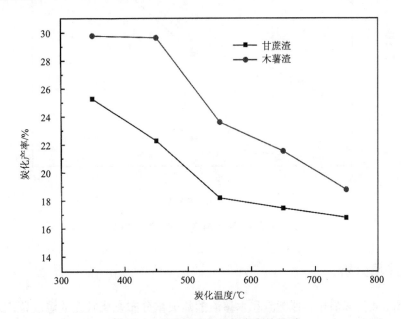

图 2-2　炭化温度与炭化产率的关系

灰分是生物质炭的无机组成部分，在有氧条件下高温灼烧产生的白色或浅红色的物质[195]。由图 2-3 可知，灰分含量随热解温度的升高而不断积累，这表明在热解过程中，裂解温度影响了残余物中 C、H、O 等元素的比例。比较不同温度下生物质炭的净产率可知，随着热解温度的升高，制备生物质炭的甘蔗渣和木薯渣这两种原材料的质量损失逐渐增大。此外，以不同热带农业废弃物为前驱材料在相同温度下制备的生物质炭的产率、净产率和灰分含量差异明显，以甘蔗渣为前驱材料在多数研究设置温度下制备的生物质炭的产率、净产率和灰分含量较小，这表明生物质炭制备的前驱材料的成分会影响热解过程中生物质炭的 C、H、O 等元素的保留比例，以木薯渣为前驱材料可以制备更多的含碳材料。其原因可能是木薯渣中含有较高的二氧化硅类无机物导致其基生物质炭的灰分含量较高。上述差异亦可能导致木薯渣和甘蔗渣炭化产物的表面结构和吸附性能有所不同。

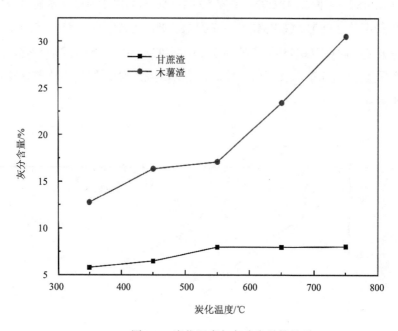

图 2-3　炭化温度与灰分含量的关系

2.3.2　热重分析

由图 2-4 可以看出，甘蔗渣和木薯渣的热失重分布在比较宽的温度范围之间，但热降解反应过程不同。当温度由室温上升至 100 ℃时，甘蔗渣和木薯渣失重分别为 5.54% 和 8.76%，DTG 曲线在 80 ℃附近出现一个峰值，这主要由于自由水的蒸发。温度在 100~200 ℃时，甘蔗渣和木薯渣的 DTG 曲线变得较为平滑，质量损失可能源于结合水和一些大分子基团的脱水反应。当温度大于 200 ℃时，生物质开始热降解，表现为半纤维素首先开始降解，随着温度的不断升高，纤维素和木质素也会发生不同程度的降解。甘蔗渣的 DTG 曲线出现三个对应的降解峰，在 352 ℃时降解速率达到最大。木薯渣的 DTG 曲线只出现一个降解峰，在 298 ℃时降解速率达到最大。温度进一步升高至 400～500 ℃时，甘蔗渣开始炭化，降解速率进一步降低，脱烷基和芳华缩聚反应继续进行，500 ℃后，甘蔗渣的热失重不明显，热降解速率降到最低。温度升高到 400 ℃后，木薯渣的降解速率降低到 0.5%/ ℃左右，之后随温度升高，木薯渣以恒定速率继续降解，当温度达到 900 ℃时，木薯渣质量保持率为 17.19%。

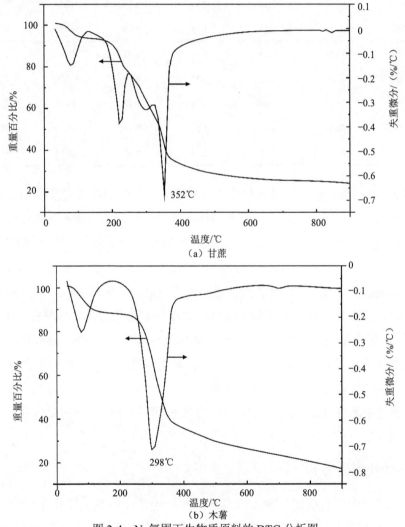

（a）甘蔗

（b）木薯

图 2-4　N_2 氛围下生物质原料的 DTG 分析图

2.3.3　元素分析

10 种生物质炭中 C、H、N、S 元素的质量分数如表 2-2 所示。

表 2-2　生物质炭的元素分析

生物质炭	C /%	H /%	N /%	S /%	C/N	C/H
GZ350	73.14	1.75	2.44	1.12	30.03	41.79
GZ450	68.86	1.42	2.33	1.11	29.53	48.49
GZ550	84.83	1.41	2.22	1.56	38.21	60.16
GZ650	82.70	1.21	2.04	1.29	40.54	68.17
GZ750	82.90	1.11	1.95	1.23	42.51	74.75
MS350	58.52	3.57	1.50	0.15	39.01	16.39
MS450	63.56	3.20	1.33	0.14	47.79	19.80
MS550	68.93	2.46	1.26	0.13	54.71	28.02
MS650	70.36	1.82	1.25	0.15	56.29	38.65
MS750	62.38	1.52	1.23	0.15	58.84	47.61

　　由表 2-2 可知，同一温度下甘蔗渣基生物质炭中 C、N、S 含量要高于木薯渣基生物质炭，H 的含量则反之。随着炭化温度的升高，木薯渣基生物质炭的碳含量逐渐增加，从 58.52%（MS350）上升到 70.36%（MS650），随后 MS750 碳含量降低，氢含量逐渐降低，从 3.57%（MS350）降低到 1.52%（MS750）。甘蔗渣基生物质炭的碳含量则随温度先降低后升高再稳定，先从 73.14%（GZ350）降低到 68.86%（GZ450）然后升高到 84.83%（GZ550）再稳定在 83% 左右（GZ650、GZ750），氢含量逐渐降低，从 1.75%（MS350）降低到 1.11%（MS750）。生物质炭的 C/H 大小反映了生物质炭的芳香性。随着温度升高，甘蔗渣基生物质炭和木薯渣基生物质炭 C/H 比和 C/N 比逐渐增大，这表明随着裂解温度的升高，甘蔗渣和木薯渣中的有机成分发生裂解，H、O 等被逐渐消耗，C 量积累，芳香性程度逐渐增加。

2.3.4　红外光谱分析

　　生物质炭表面官能团的种类可以通过红外光谱（FTIR）谱图定性分析。图 2-5（a）为甘蔗渣在不同温度下制备的生物质炭的红外吸收谱图。从图 2-5（a）中可知，不同温度下制备的甘蔗渣生物质炭均含有丰富的官能团，但官能团含量的多少有明显差异。在波数为 3398～3516 cm^{-1} 处的吸收峰被认为是来自羟基 O—H 的伸缩振动产生[101]。在波数为 2929 cm^{-1} 处有吸收峰存在这表明可能有长链的饱和烷烃[196,197]。波数为 1710～1730 cm⁻¹ 处的吸收峰主要是羧酸的 C═O 键伸缩振动产生的吸收峰，在 1600～1628 cm⁻¹ 处的吸收峰认为是芳环的 C═C 和 C═O 伸缩振动产生的吸收峰，在 1460 cm⁻¹ 和 1387 cm⁻¹ 处参数的吸收峰分别是木质素的芳香性 C═C、O—H 振动产生的吸收峰，亦研究认为是—CH₂-的剪式振动产生的吸收峰。在指纹区，在 1107 cm⁻¹ 左右的峰可能是 C—O 产生的伸缩振动峰，通常存在于酚类或者氢氧基团中[153,198]。随着热解温度的升高，生物质炭的羟基 O—H 的伸缩振动、羧基 C═O 的伸缩振动、酚基 C—O 的伸缩振动逐渐减弱至消失，这表明生物质炭在高温裂解过程中烃基、羧基逐渐消失，生物质炭的极性逐渐减弱、芳香性程度逐渐增高，吸附能力逐渐增强。

图 2-5（b）为木薯渣在不同温度下制备的生物质炭的红外吸收谱图。由图 2-5（b）可知，不同温度下制备的木薯渣基生物质炭同样含有丰富的官能团，并且官能团含量的多少亦有明显差异，随着裂解温度的升高，官能团的数量逐渐减少。木薯渣基生物质炭含有官能团种类与甘蔗渣生物质炭基本一致，但木薯渣基生物质炭在波数为 2360 cm⁻¹ 时，尚有较强的吸收峰，这表明木薯渣基生物质炭在高温裂解过程中还有烃基保留。在指纹区，木薯渣基生物质炭由 C—O 产生的伸缩振动峰弱于甘蔗渣生物质炭，这表明木薯渣基生物质炭 C—O 的数量少于甘蔗渣生物质炭，这与两种生物质炭制备材料的组成成分存在差异有关。这说明生物质炭制备材料的组成成分对生物质炭含有官能团种类和数量有一定的影响。

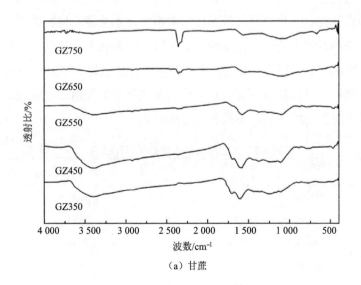

（a）甘蔗

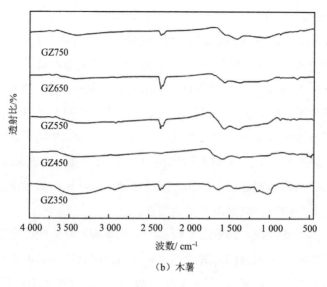

（b）木薯

图 2-5 红外光谱图

2.3.5 比表面积及孔结构分析

以甘蔗渣和木薯渣为前驱材料制备的生物质炭的比表面积及孔结构测定结果见表 2-3。

由表 2-3 可知，同一前驱材料在不同温度下制备的生物质炭的比表面积、总孔体积和平均孔径等有明显差异。甘蔗渣为前驱材料制备生物质炭的比表面积、总孔体积和微孔孔容随热解温度的升高逐渐增大，木薯渣基生物质炭的比表面积和微孔孔容随热解温度的升高逐渐增大。这表明在缺氧或者部分厌氧状态下经高温裂解的生物质炭具有较高的比表面积，生物质炭的孔隙度增加。这可能是因为甘蔗渣和木薯渣本身含有 O 元素，C 元素在氧化反应的作用下发生蚀刻而产生孔结构。随着裂解温度的升高，微孔孔容逐渐增大。

表 2-3 生物质炭的比表面积与孔结构

生物质炭	比表面积 /（m²/g）	总孔体积 /（cm³/g）	微孔孔容 /（cm³/g）	微孔率/%	平均孔径/nm
GZ350	110.52	0.145	0.023	15.86	5.243
GZ450	160.36	0.191	0.036	18.85	4.771
GZ550	298.40	0.777	0.596	76.71	10.418
GZ650	483.43	0.839	0.632	75.33	12.188
GZ750	620.05	0.940	0.648	68.94	12.191

续表

生物质炭	比表面积 / （m²/g）	总孔体积 / （cm³/g）	微孔孔容 / （cm³/g）	微孔率/%	平均孔径/nm
MS350	48.19	0.080	0.012	14.45	6.605
MS450	80.56	0.135	0.026	19.26	7.711
MS550	167.55	0.183	0.031	16.94	4.361
MS650	219.76	0.155	0.103	66.45	12.460
MS750	430.37	0.169	0.144	84.89	15.681

以甘蔗渣为前驱材料制备的三种生物质炭的平均孔径大小顺序为 GZ750 > GZ650 > GZ550 > GZ350 > GZ450，这可能是由于 350 ℃升高到 450 ℃时，生物质炭的中孔和微孔的增加，使得平均孔径减小，而当温度升高到 550 ℃时，微孔进一步发育，使得生物质炭的平均孔径增大。对比表 2-3 中的数据可知，以甘蔗渣为前驱物制备的生物质炭比表面积和孔体积虽然随着裂解温度的升高而增大，在 350 ℃和 450 ℃时，生物质炭的比表面积和孔结构变化不大，但在 550 ℃时，GZ550 的比表面积和总孔体积等有较大的提高，这表明在生物质炭的制备过程中有一个临界温度，当生物质炭制备温度超过临界温度时，制备的生物质炭的比表面积、总孔体积和微孔孔容有较大的提高。

木薯渣在 750 ℃下制备的生物质炭具有较高的比表面积、总孔体积、微孔孔容和平均孔径，亦证明生物质炭的制备过程中存在一个临界温度。这与 Nguyen 和 James（2005）等的研究结论一致[116,199]。陈宝梁等[120]研究表明，在高温下制备的生物质炭对有机污染物的吸附主要是以发生在炭化表面的表面吸附作用为主，而在低温下制备的生物质炭对有机污染物的吸附不仅有表面吸附作用，还包括在生物质炭中残存的有机质中的分配作用。综上可知，裂解温度可调节生物质炭的表面性质和结构，从而对生物质炭的吸附行为产生影响。

2.3.6　表面官能团数量

不同温度下制备的生物质炭的表面官能团滴定结果见表 2-4。由表 2-4 可知，以甘蔗渣和木薯渣为前驱材料制备的生物质炭随着温度的升高碱性基团数量逐渐增多。以甘蔗渣为前驱材料制备的生物质炭中，羧基、内酯基和酚羟基等酸性基团的含量大多随热解温度的升高逐渐降低，其中酚羟基含量远大于羧基含量和内酯含量。木薯渣基生物质炭中羧基、内酯基和酚羟基等酸性基团的含量也随热解温度的升高逐渐降低，其中酚羟基含量大于内酯基含量，内脂基含量大于羧基含量。随着热解温度升高，甘蔗渣基生物质炭表面官能团总量逐渐减少，木薯渣基生物质炭的表面官能团总量随热解温度升高出现先减少后增加再减少的波动趋势，在 550 ℃时生物炭的表面官能团总量最低。同一温度下制备的木薯渣基生物质炭的碱性官能团的数量明显高于甘蔗渣基生物质炭，pH 较高。Lahaye 等[200]研究表明，活性炭表面的酸性官能团能促进对具有较强极性化合物的吸附，生物质炭表面酸性官能团数量的差异会影响生物质炭的亲水性。

表 2-4　生物质炭的表面官能团数量

样品	碱性基团/（cmol/g）	酸性基团/（cmol/g）	羧基/（cmol/g）	内酯基/（cmol/g）	酚羟基/（cmol/g）
GZ350	0.438	4.126	0.714	0.231	3.181
GZ450	0.555	2.604	0.511	0.049	2.044
GZ550	0.856	1.442	0.021	0.182	1.239
GZ650	1.253	0.982	0.020	0.136	0.826
GZ750	1.425	0.536	0.013	0.094	0.429
MS350	1.541	1.746	0.197	0.557	0.992
MS450	1.653	0.988	0.152	0.319	0.517
MS550	1.846	0.710	0.115	0.234	0.361
MS650	2.335	0.533	0.075	0.156	0.302
MS750	2.556	0.399	0.037	0.109	0.252

2.3.7　CEC分析

生物质炭的 CEC 是指生物质炭能够吸附的各种阳离子的总量，以木薯渣和甘蔗渣为前驱材料在不同温度下制备的生物质炭的 CEC 如图 2-6 所示。

由图 2-6 可知，不同温度下制备的生物质炭的 CEC 存在较大差异。在生物质炭制备过程中，随着热解温度的逐渐升高，生物质炭的 CEC 不断升高，甘蔗渣生物质炭 CEC 大小顺序为：GZ750(276.51 cmol/kg) > GZ650(207.59 cmol/kg) > GZ550(108.53 cmol/kg) > GZ450(52.69 cmol/kg) > GZ350(42.87 cmol/kg)，以木薯渣为前驱材料制备的生物质炭 CEC 大小顺序为：MS750(213.23 cmol/kg) > MS650(158.36 cmol/kg) > MS550(77.27 cmol/kg) > MS450(32.81 cmol/kg) > MS350(23.19 cmol/kg)。

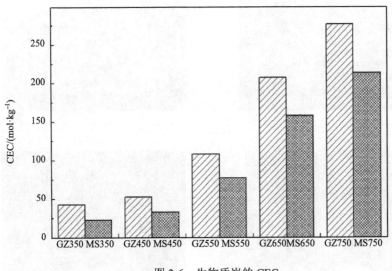

图 2-6　生物质炭的 CEC

在相同制备温度下，以甘蔗渣为前驱材料制备的生物质炭的 CEC 高于木薯渣基生物质炭。在生物质炭的制备过程中有一个临界温度，当生物质炭制备温度超过临界温度时，制备的生物质炭不仅比表面积、总孔体积和微孔孔容有较大的提高，而且 CEC 亦有较大的提高。由 2.3.6 节中分析可知，在不同生物质炭制备温度下，生物质炭表面含有丰富的官能团，多数为含氧官能团，而这些含氧官能团使生物质炭的表面带有负电荷，可以使其具有较高的 CEC，同时灰分含量亦可能影响生物质炭的阳离子交换能力。

2.3.8　扫描电镜

以甘蔗渣和木薯渣为前驱物在不同裂解温度下制备的生物质炭的扫描电镜图片分别见图 2-7 和图 2-8，展示了不同温度下制备的生物质炭的表面孔隙结构的变化特征。其中，图 2-7 中（a）、（b）、（c）、（d）和（e）分别为 GZ350、GZ450、GZ550、GZ650 和 GZ750 放大 2000 倍的扫描电镜图；图 2-8 中（a）、（b）、（c）、（d）和（e）分别为 MS350、MS450、MS550、MS650 和 MS750 放大 500 倍的扫描电镜图。

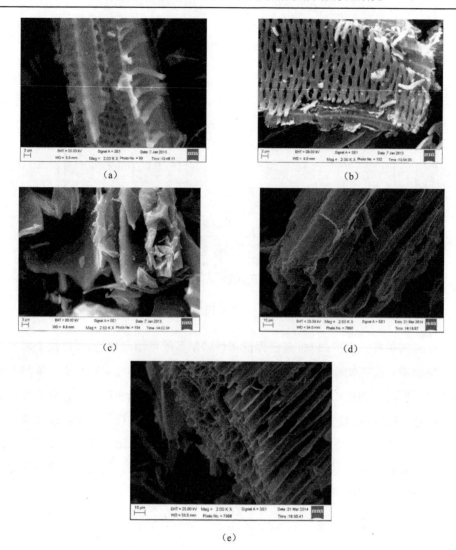

（a）　　　　　　　　　　（b）

（c）　　　　　　　　　　（d）

（e）

图 2-7　甘蔗渣基生物质炭的扫描电镜图

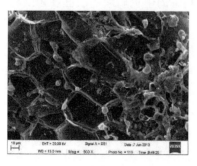

（a）　　　　　　　　　　（b）

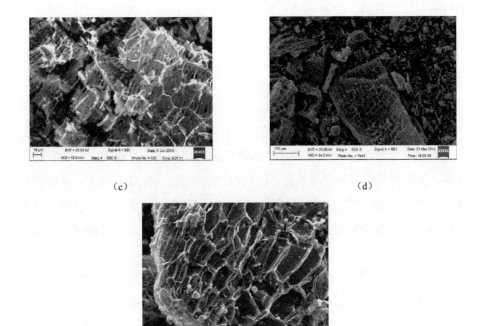

（c）　　　　　　　　　　　　　　（d）

（e）

图 2-8　木薯渣基生物质炭的扫描电镜图

由图 2-7 和图 2-8 可知，随着炭化温度的升高，表面孔穴逐渐增加；随着生物质的不断分解，纤维链状结构大量被破坏。

观察以甘蔗渣为前驱材料制备的生物质炭的扫描电镜图片可知，裂解温度对生物质炭表面形态有较大的影响，不同温度下制备的生物质炭的表面形态差异明显。随着温度升高，网状结构开始变形，越来越薄并逐渐消失，杆状结构出现，表面粗糙程度增加；而 GZ550 的表面主要以杆状结构为主，甘蔗渣热解成片状堆叠，沉积物质进一步被热解，表面变得光滑，开始形成微孔，但部分孔被堵塞；当继续升高到 650~750 ℃时，片状结构重组，堵塞的孔打开，微孔有所发展。

以木薯渣为前驱材料制备的生物质炭的表面孔隙结构变化特征与甘蔗渣基生物质炭的表面孔隙结构变化特征基本一致，随着裂解温度的升高，芳香片层结构越来越明显；高温下片层很薄，并呈现出大小不一的片层结构堆叠而形成的许多不规则孔穴，这是导致高温下制备的生物质炭具有较高比表面积的主要原因。

Lehmann 等[174]阐述了生物质炭表面形态随裂解温度的升高而变化的主要原因。随着温度的升高，大孔开始膨胀，小孔结构开始出现。因此，在本章研究中，随着裂解温度的升高，炭表面结构发生明显变化，比表面积增大，且发育出更多的微孔结构。

2.4 小　　结

（1）随着裂解温度的升高，甘蔗渣和木薯渣的裂解程度增加，生物质炭的产率降低，灰分含量上升。木薯渣基生物质炭的产率和灰分含量均大于甘蔗渣基生物质炭，灰分含量最高可达 3.8 倍。随着温度的上升，pH 逐渐增大，裂解温度大于 550 ℃时制备的生物质炭均呈碱性。这表明生物质炭制备的前驱材料的成分会影响热解过程中生物质炭的 C、H、O 等元素的保留比例，也可能是木薯渣中含 SiO_2 类无机物所致。

（2）生物质的热重分析表明，甘蔗渣和木薯渣的热失重分布在较宽的温度范围内，但热降解反应过程显著不同。甘蔗渣和木薯渣分别在 352 ℃和 298 ℃时降解速率达到最大。500 ℃后，甘蔗渣的热失重不明显，热降解速率降到最低。当温度达到 900 ℃时，木薯渣质量保持率为 17.19%。

（3）生物质炭中含量最高的是碳元素。同一温度下以甘蔗渣为前驱材料制备的生物质炭中 C、N、S 含量要高于以木薯渣为前驱材料制备的生物质炭，H 的含量则反之。随着温度升高，甘蔗渣基生物质炭和木薯渣基生物质炭 C/H 比逐渐增大，生物质炭的芳香性程度逐渐增加。

（4）10 种生物质炭含有丰富的羧基、羟基等含氧官能团，且官能团含量分别有明显差异。甘蔗渣基生物质炭在高温裂解过程中烃基逐渐消失，木薯渣基生物质炭官能团的数量逐渐减少。木薯渣基生物质炭含有官能团种类与甘蔗渣生物质炭基本一致，但在高温裂解过程中还有烃基保留，并且 C—O 的数量少于甘蔗渣生物质炭。

（5）在低温下制备的生物质炭中含氧官能团的数量最高。随着温度的升高，酸性基团的数量减少，其中酚羟基含量远大于羧基含量和内酯基含量；碱性基团的数量增加，生物质炭的官能团总量逐渐减少。以木薯渣为前驱材料制备的生物质炭的碱性官能团的数量明显高于以甘蔗渣为前驱材料制备的生物质炭。

（6）随着热解温度的逐渐升高，生物质炭的 CEC 不断升高。在相同制备温度下，以甘蔗渣为前驱材料制备的生物质炭 CEC 高于木薯渣基生物质炭。

（7）随着炭化温度的升高，表面孔穴逐渐增加，片状结构形成；随着生物质的不断分解，纤维链状结构被大量破坏。在低温下制备的生物质炭的表面较为粗糙，随着裂解温度的升高，甘蔗渣和木薯渣中的有机质被消耗，生物质炭表面变得光滑，孔结构发生明显变化，孔隙结构越显发达，微孔有所发展。通过对 10 种生物质炭的比表面积和孔结构的定量分析可知，10 种生物质炭均含有微孔结构，随着裂解温度的升高，微孔数量增加，比表面积增大。

第 3 章　生物质炭对阿特拉津的吸附解吸作用及机理

3.1　引　　言

生物质炭是在完全或部分缺氧的条件下经高温热解将植物生物质炭化产生的一种高度芳香化难熔性固态物质，属于黑炭的一种类型[1]。生物质炭的碳元素含量在 60%以上，并含有 H、O、N、S 等元素[10]。生物质炭具有多级孔隙结构、巨大的比表面积，同时带有大量的表面负电荷和较高的电荷密度，生物质炭高度芳香化并具有高度的稳定性，其表面含有羧基、酚羟基、羰基、内酯、吡喃酮、酸酐等多种官能团，这使生物质炭还具有很好的吸附性能[11,12]。这些特性也使得生物质炭在减缓气候变化、改良土壤和去除污染物质方面有较好的环境效益。

生物质炭对有机污染物具有强吸附性能。因制备过程中的炭化条件及前驱材料的不同，其生物质炭本身结构亦有所不同，使得其对有机污染物的吸附性能和机理也会有所差异。研究表明，生物质炭表面官能团的芳香性和疏水性会影响生物质炭对不同性质有机污染物的吸附特征，具有较强芳香性的生物质炭主要通过 π—π 键与有机物结合，其吸附作用强于疏水性官能团与有机物之间的氢键作用[10,98]。此外，生物质炭颗粒粒径的大小也会影响其吸附性能，生物质炭粒径越小，其对有机污染物的吸附平衡时间则越短。

本书采用批量平衡吸附实验来研究以热带农业废弃物甘蔗渣和木薯渣在不同炭化温度下制备的生物质炭对阿特拉津的吸附解吸作用，深入探讨以不同前驱材料在不同炭化温度下制备的生物质炭对阿特拉津的吸附作用机理及与生物质炭结构特征之间的关系。

3.2　材料与方法

3.2.1　供试材料

阿特拉津购自德国 DR. Ehrenstofer 公司（纯度>99.9%）；$CaCl_2$、NaN_3 为分

析纯；其他有机溶剂均为高效液相色谱（high performance liquid chromatography，HPLC）级试剂；试验用水由 Spring-S60i+PALL 超纯水系统制备。

3.2.2　主要仪器设备

HPLC 仪（Waters Alliance 2695）；人工振荡培养箱（ZDP-150 型，上海精宏实验设备有限公司）；高速冷冻离心机（Eppendorf, Centrifuge 5804R）。具程序控温功能马弗炉；旋转式摇床（江苏太仓仪器设备厂）。

3.2.3　试验设计与实施

1. 生物质炭的制备

本书中生物质炭的制备方法同第 2 章中方法。

2. 吸附动力学实验

吸附实验前用电解质溶液（调 pH 为 7）将农药储备液稀释成实验所需的浓度。分别称取一定量的生物质炭置于聚乙烯离心管中，加入浓度为 5 mg/L 的农药电解质溶液 10 ml，使用的吸附背景液为 pH=7、0.01mol/L CaCl$_2$、0.2 g/L NaN$_3$ 的混合溶液。加盖密封，于 25 ℃条件下置于恒温振荡器上，200 r/min 恒温避光振荡一定时间。分别于 35 min、180 min、360 min、540 min、1290 min、1440 min、2880 min 取样。5000 r/min 下离心 5 min；取 2 ml 上清液过 0.45 μm 的滤膜，采用 HPLC 法测定阿特拉津的浓度。吸附试验结束后，弃去上清液，按固液比（1∶20）加入不含阿特拉津的背景溶液进行解吸实验，其他步骤同吸附试验步骤，取样的时间为120 min、300 min、1140 min、1440 min 和 2880 min，分别取上清液测定阿特拉津的浓度。采用动力学方程模拟生物质炭对阿特拉津的吸附过程。

3. 吸附解吸特征试验

在预试验过程中，分别依次确定适合阿特拉津吸附试验的水土比、起始浓度梯度和吸附平衡时间。

准确称取 10 种供试生物质炭各 0.100 0 g 于 50 ml 聚丙烯塑料管中，加入 10 ml 不同浓度阿特拉津的 0.01mol/L CaCl$_2$ 溶液。以上处理均做三次重复，同时设置空白对照。为探讨试验过程中阿特拉津的降解或器壁吸附等损失，本书设置不含土壤的阿特拉津溶液作为控制样。本书设置的三种土壤悬浊液中阿特拉津的起始浓度梯度为 0 mg/L、0.5 mg/L、1 mg/L、5 mg/L、10 mg/L、20 mg/L。制备的土壤溶液在恒温振荡箱中（25±0.5）℃下，200 r/min 振荡 24 h 后，5000 r/min 下离心 5 min，上清液经 0.45 μm 滤膜过滤后，测定滤液中阿特拉津浓度。按式（3-1）计算吸附剂中的吸附量。

$$C_s = \frac{(C_0 - C_e)V}{m} \qquad (3\text{-}1)$$

式中，C_s 代表单位质量生物质炭所吸附的阿特拉津总量（mg/kg）；C_0 为三种阿特拉津初始浓度（mg/L）；C_e 代表达到吸附解吸平衡时平衡溶液阿特拉津浓度（mg/L）；V 为平衡溶液体积（L）；m 为试验中生物质炭质量（kg）。

离心后弃去上层清液，加入含 $CaCl_2$ 和 NaN_3 的溶液继续在恒温振荡箱中（25±0.5）℃下，200 r/min 振荡 24 h 解吸平衡后，4000 r/min 下离心 15 min，上清液经 0.45 μm 滤膜过滤后，测定滤液中阿特拉津浓度。分别用吸附和解吸试验前后溶液中阿特拉津含量之差计算得到生物质炭对阿特拉津的吸附量和解吸量。

4. 吸附热力学

用 pH 为 7 的电解液配制浓度为 0 mg/L、0.5 mg/L、1 mg/L、5 mg/L、10 mg/L、20 mg/L 的阿特拉津农药标准液。分别准确称取 10 种生物质炭于 50 ml 离心管中，并加入 10 ml 不同浓度的农药标准液，将上述样品分别置于 15 ℃、25 ℃、（35±0.5）℃条件下避光振荡，24 h 后取出离心，测定上清液中农药的含量。具体操作步骤同 3.2.3 节。

5. 阿特拉津的测定

采用的 HPLC 主要条件：Watras Alliance HPLC 2695 分离单元，Watras 2487 紫光检测器。

色谱条件：色谱柱：Gemini C18 色谱柱（150 mm×4.6 mm，5 μm）；流动相：甲醇/水=30/70（体积比）；流速 1.0 ml/min；检测波长：220 nm；柱温：35 ℃；进样量：10 μl。采用外标法定量检测，阿特拉津加标回收率为 97%～105%。

3.2.4　数据处理与分析

实验数据采用 SAS6.12 软件进行统计分析，使用 Microsoft Office Excel 2003 软件进行数据处理和图表制作。

3.3　结果与分析

3.3.1　阿特拉津在生物质炭上的吸附动力学研究

1. 吸附动力学

以甘蔗渣为前驱材料在 5 种温度下（350～750 ℃）制备的生物质炭分别标记为 GZ350、GZ450、GZ550、GZ650、GZ750；以木薯渣为前驱材料在 5 种温度下（350～750 ℃）制备的生物质炭分别标记为 MS350、MS450、MS550、MS650、MS750。

依照 3.2.3 节中的方法，10 种供试生物质炭若干份于 5 mg/L 阿特拉津试验浓度下避光振荡平衡。于 0 min、35 min、180 min、360 min、540 min、1290 min、1440 min、2880 min 分别取样离心、过滤后测定滤液中阿特拉津浓度。结果见图 3-1。

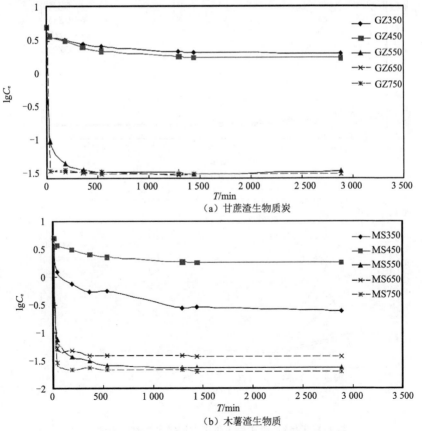

（a）甘蔗渣生物质炭

（b）木薯渣生物质

图 3-1　阿特拉津在生物质炭上吸附平衡时间曲线

　　由图 3-1 可知，10 种生物质炭对阿特拉津的吸附过程相似。在吸附初期（2 h 以内），10 种生物质炭对阿特拉津的吸附过程反应快速，阿特拉津在溶液中的浓度呈急剧减少之势；吸附中期（2～24 h），吸附过程慢慢趋于平衡，平衡液浓度基本不变，吸附速率减小；在吸附后期（24 h 以后），吸附过程反应仍较缓慢，平衡液浓度略微降低，总吸附量在经一段时间饱和后缓慢增加。

　　吸附试验后，离心，并弃去上清液，按一定固液比（1∶20）加入含 0.01 mol/L $CaCl_2$ 和 0.2 g/L NaN_3 溶液继续振荡。每隔 120 min、300 min、1140 min、1440 min、2880 min 分别取样离心、过滤后测定其中阿特拉津浓度，结果如图 3-2 所示。阿特拉津在生物质炭上的解吸过程较为缓慢，在反应 20 h 后基本达到解吸平衡。为了使解吸过程充分达到平衡，并与吸附反应时间保持一致，在后面的吸附解吸试验中将平衡时间统一设定为 24 h。

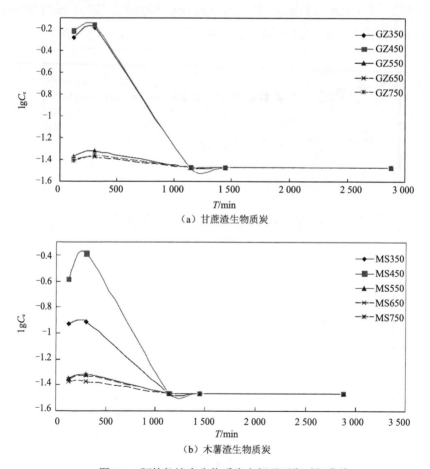

（a）甘蔗渣生物质炭

（b）木薯渣生物质炭

图 3-2　阿特拉津在生物质炭上解吸平衡时间曲线

2. 吸附动力学模型分析

污染物在固相介质中吸附过程的控制主要包括质量转移、扩散控制、微粒扩散等。为了探讨阿特拉津在生物质炭中的吸附机理，定量描述阿特拉津在生物质炭中的吸附特征。本书采用以下几种模型对吸附数据进行拟合分析，具体如下。

1）伪二级吸附动力学模型

适用于整个吸附过程，建立在吸附速率受化学吸附机理控制，吸附质和吸附剂通过电子共享和电子得失的方式发生吸附反应，其方程如下：

$$\frac{t}{q_t} = \frac{1}{k_2 q_e^2} + \frac{1}{q_e} t \tag{3-2}$$

式中，q_t 为 t 时刻的吸附量（mg/kg）；k_2 为二级反应速率常数[g/（mg·min）]；q_e 为平衡吸附量（mg/kg）。

2）Elovich 模型

假设在吸附过程中吸附能不均等，随着表面覆盖率的增大而线性增大，而吸附速率随吸附剂表面吸附量的增加而呈指数下降，其方程如下：

$$q_t = a + bt \tag{3-3}$$

式中，q_t 为 t 时刻的吸附量（mg/kg）；a 是与反应初始速度有关的常数；b 是与吸附活化能有关的常数。

3）颗粒内扩散模型

该模型主要用于描述多孔性物质的吸附过程，溶液中吸附质的浓度梯度是其推动力，其方程如下：

$$q_t = k_p t^{1/2} + c \tag{3-4}$$

式中，q_t 为 t 时刻的吸附量（mg/kg）；k_p 为内扩散速率常数[g/（g·min$^{1/2}$）]；c 是与吸附剂厚度、边界相关的常数。

表 3-1 阿特拉津在 10 种生物质炭上的吸附动力学参数

生物质炭	伪二级动力学模型			Elovich 模型			颗粒内扩散模型		
	q_e/(mg/g)	k_2/[g/(mg·min)]	r	a	b	r	k_p/[g/(g·min$^{1/2}$)]	c	r
GZ350	0.297 3	0.042 3	0.998 5	0.617 0	24.050	0.985 9	0.248 2	-30.48	0.922 5
GZ450	0.333 6	0.030 6	0.999 5	1.140 1	19.672	0.980 1	0.197 8	-23.75	0.893 7
GZ550	0.496 0	14.529 0	1.000 0	-231.220 0	479.770	0.853 4	4.031 5	-1 967.90	0.650 4
GZ650	0.496 4	20.265 0	1.000 0	-3 264.400 0	6591.700	0.922 2	69.631 0	-34 521.00	0.883 5
GZ750	0.496 3	24.831 0	1.000 0	-2 326.300 0	4701.400	0.785 4	48.328 0	-23 950.00	0.732 2
MS350	0.097 0	0.321 0	0.999 5	-12.000 0	204.000	0.990 5	2.076 0	-158.00	0.910 5
MS450	0.099 5	0.779 0	0.999 9	-13.740 0	210.530	0.919 8	1.911 4	-153.92	0.757 3
MS550	0.100 0	21.819 0	1.000 0	-346.000 0	3 549.000	0.889 9	31.192 0	-3 070.00	0.709 2
MS650	0.496 3	12.493 0	1.000 0	-1 018.300 0	2 066.200	0.889 0	19.212 0	-9 499.40	0.749 7
MS750	0.498 0	11.411 0	1.000 0	-2 026.000 0	4 084.000	0.888 8	38.087 0	-18 932.00	0.751 7

采用上述三种模型对阿特拉津在 10 种生物质炭中的吸附数据进行拟合,计算结果见表 3-1。由三种动力学模型拟合的相关系数（r）可知,伪二级动力学模型能很好地描述 10 种生物质炭吸附阿特拉津的动力学过程,并且相关系数达到极显著水平（$p<0.01$）;其次是 Elovich 模型,生物质炭对阿特拉津的吸附动力学过程用该模型拟合效果较差。伪二级动力学模型包含生物质炭吸附阿特拉津时的外部液膜扩散过程、表面吸附过程和颗粒内部扩散过程等,能较准确地反映阿特拉津在生物质炭上的吸附。Elovich 模型主要适用于描述较为复杂的吸附动力学过程,因此这也说明阿特拉津在生物质炭上的吸附是一个复杂的过程。

3.3.2　生物质炭对阿特拉津的吸附解吸特征

1. 甘蔗渣基生物质炭对阿特拉津的等温吸附解吸特征

阿特拉津在 5 种不同温度下制备的甘蔗渣基生物质炭（GZ350、GZ450、GZ550、GZ650、GZ750）中的吸附解吸等温线见图 3-3。由图 3-3 可知,由于 5 种生物质炭间表面结构性质的差异,5 种甘蔗渣基生物质炭对阿特拉津的吸附能力亦存在明显差异,GZ750 对阿特拉津具有较强的吸附能力。本书主要采用 Freundlich 模型、Langmuir 模型、Nerst 模型和 Temkin 模型定量描述 5 种甘蔗渣基生物质炭对阿特拉津的吸附解吸特性。

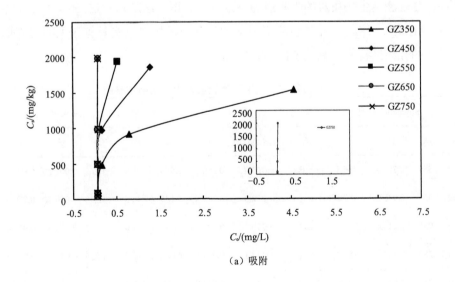

（a）吸附

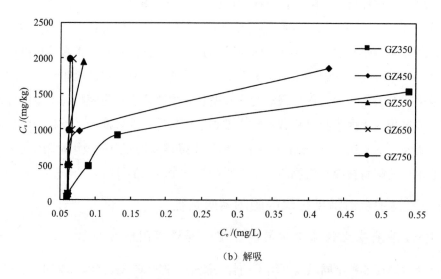

（b）解吸

图 3-3   阿特拉津在 5 种甘蔗渣基生物质炭上的吸附解吸等温线

根据 5 种甘蔗渣基生物质炭对阿特拉津的吸附等温线，见图 3-3（a），计算得到等温吸附模型的相关参数（表 3-2）。从表 3-2 可知，甘蔗渣基生物质炭对阿特拉津具有较强的吸附能力，由 Freundlich 模型计算得到的 $\lg K_f$ 在 2.869 以上，其中以阿特拉津在 GZ750 上的吸附能力最强（$\lg K_f$ 为 20.010），且随着制备温度的升高，甘蔗渣基生物质炭的吸附能力逐渐增强，即 GZ750 > GZ650 > GZ550 > GZ450 > GZ350。这与在较高温度下制备的甘蔗渣基生物质炭具有较大的比表面积、发达的孔隙结构和较高的 CEC 有关。

表 3-2   阿特拉津在甘蔗渣基生物质炭上吸附模型参数

生物质炭类型	Freundlich 模型			Langmuir 模型			Nerst 模型		Temkin 模型		
	$\lg K_f$	$1/n$	r	K_L	Q_m/(mg/kg)	r	$\lg K_d$	r	A	B	r
GZ350	2.869	0.754 7	0.886 8	−1.083	−769.2	0.850 9	2.564	0.788 9	−1.268	0.001 20	0.995 2
GZ450	3.330	0.986 2	0.787 1	−3.364	−270.3	0.740 4	3.185	0.835 5	−1.318	0.000 70	0.970 4
GZ550	3.735	1.235 0	0.716 9	−4.111	−270.3	0.581 1	3.586	0.883 0	−1.327	0.000 50	0.938 6
GZ650	11.280	7.426 0	0.711 7	−1.217	−357.1	0.514 1	4.081	0.519 9	−1.235	0.000 08	0.930 6
GZ750	20.010	14.840 0	0.892 9	−13.740	−14.56	0.739 9	4.070	0.418 0	−1.216	0.000 05	0.983 7
平均值	—	—	0.799 1	—	—	0.685 3	—	0.689 1	—	—	0.963 7

同时由表 3-2 可知，阿特拉津在 5 种甘蔗渣基生物质炭上中的吸附强度（$1/n$）值在 0.7547～14.8400。阿特拉津在 5 种甘蔗渣基生物质炭上的吸附强度有很大的差异性。随着炭化温度的升高，吸附强度（$1/n$）值逐渐增大，阿特拉津在 5 种甘蔗渣基生物质炭上的吸附非线性程度逐渐降低。其中阿特拉津在 GZ350 上的吸附非线性最强。根据 $1/n$ 的值与吸附等温线的形状关系可知[17,18]，阿特拉津在 GZ350、GZ450 中的吸附强度 $1/n<1$，属于 L 型吸附等温线，阿特拉津在 GZ550、GZ650、GZ750 中的吸附强度 $1/n>1$，属于 S 型吸附等温线。这表明吸附等温线非线性随裂解温度的升高而减弱。在等温吸附的初始阶段，GZ350 和 GZ450 与阿特拉津之间有较强的亲和力，随着 GZ350 和 GZ450 上吸附位点逐渐被占领，阿特拉津的吸附位点越来越少。

此外，Temkin 模型能够较好地描述阿特拉津在甘蔗渣基生物质炭上的吸附过程，相关系数 r 值在 0.9306～0.9952，吸附数据拟合均达显著相关（$p<0.05$）。Temkin 模型主要描述以静电吸附作用为主的化学型吸附过程，这表明甘蔗渣基生物质炭在吸附阿特拉津时，甘蔗渣基生物质炭与阿特拉津分子之间发生的相互作用力存在静电吸附作用。

生物质炭对有机污染物的吸附作用受到生物质炭的极性、芳香性、比表面积和微孔体积等多种生物质炭性质的综合影响。由图 3-4 和表 3-3 可知，生物质炭对阿特拉津的吸附强度 $1/n$ 值分别与生物质炭的 C/H 比值、比表面积、CEC 间呈良好的指数关系（$r>0.930$），这表明生物质炭的芳香性越高、比表面积和 CEC 越大，生物质炭对阿特拉津吸附的非线性越强。生物质炭对阿特拉津的吸附参数 $\lg K_f$ 分别与生物质炭的 C/H 比值、比表面积、CEC 间呈良好的指数关系（$r>0.920$），这表明生物质炭的芳香性越高、比表面积和 CEC 越大，生物质炭对阿特拉津的吸附能力越强。由表 3-3 中的指数回归方程可以预测不同温度下制备的生物质炭的吸附性能；反之，可以通过吸附参数推断生物质炭的结构特征，进而估计其制备过程的裂解温度。生物质炭的吸附参数 $1/n$ 值和 $\lg K_f$ 值与其性质的指数回归方程拟合效果较好（$r>0.920$，$p<0.05$），生物质炭的吸附性能随着其制备温度的变化发生规律性的变化，这主要是由于生物质炭结构的变化导致生物质炭对有机物吸附过程中的分配作用和表面吸附作用的变化所致，但其具体机理尚有待进一步研究。

表 3-3　拟合参数与甘蔗渣基生物质炭性质的拟合数据

生物质炭性质	$\lg K_f$		$1/n$	
	指数方程	r	指数方程	r
C/H	$y=0.198e^{0.058x}$	0.920	$y=0.012e^{0.091x}$	0.930
比表面积	$y=1.641e^{0.004x}$	0.975	$y=0.330e^{0.006x}$	0.978
CEC	$y=1.909e^{0.008x}$	0.987	$y=0.420e^{0.013x}$	0.988

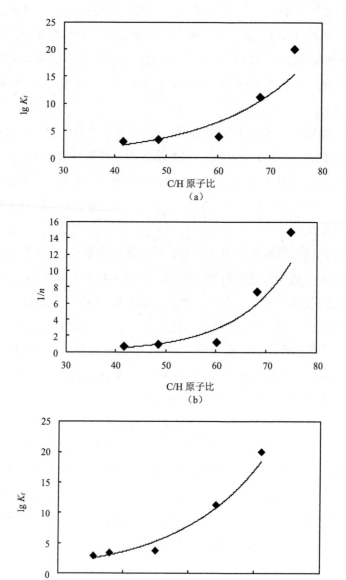

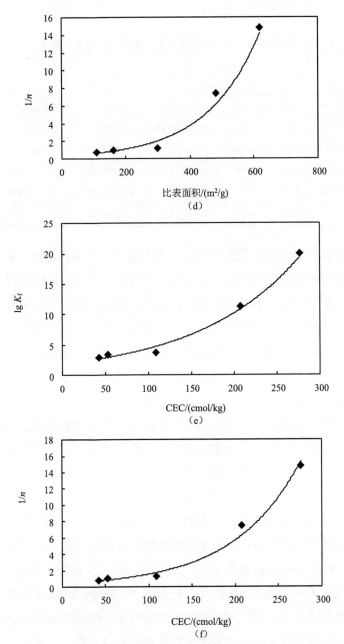

图 3-4　阿特拉津吸附拟合参数与甘蔗渣基生物质炭性质间的关系

　　图 3-3（b）为阿特拉津在 5 种甘蔗渣基生物质炭上的解吸等温线。阿特拉津在 5 种甘蔗渣基生物质炭上的解吸过程亦存在明显的差异。采用 Freundlich、Langmuir 模型、Nerst 模型和 Temkin 模型对阿特拉津在 5 种生物质炭上的解吸等

温过程进行拟合，其计算结果见表 3-4。

表 3-4　阿特拉津在 5 种甘蔗渣基生物质炭上解吸模型参数

生物质炭类型	Freundlich 模型			Langmuir 模型			Nerst 模型		Temkin 模型			HI
	$\lg K_f$	$1/n$	r	K_L	Q_m/(mg/kg)	r	$\lg K_d$	r	A	B	r	
GZ350	3.775	1.397	0.821 0	-4.462	-172.40	0.613 7	3.489	0.772 8	-1.300	0.000 61	0.942 3	1.85
GZ450	3.834	1.306	0.684 3	-4.111	-270.30	0.286 7	3.658	0.766 8	-1.320	0.000 40	0.836 0	1.32
GZ550	12.390	8.344	0.708 4	-12.35	-31.15	0.253 4	4.075	0.241 2	-1.234	0.000 07	0.869 6	6.76
GZ650	34.460	26.700	0.922 7	-14.93	-7.610	0.613 5	4.072	0.090 2	-1.216	0.000 03	0.816 4	3.60
GZ750	81.630	65.580	0.980 3	-15.73	-2.838	0.779 0	4.073	0.041 4	-1.215	0.000 01	0.912 3	4.42
平均	—	—	0.823 3	—	—	0.509 3	—	0.382 5	—	—	0.875 6	—

由阿特拉津在 5 种甘蔗渣基生物质炭上的吸附解吸等温线可知，吸附等温线的非线性强于相对平直的解吸等温线，两者之间存在明显差异，这表明 5 种生物质炭对阿特拉津的解吸过程并非吸附的可逆过程，其吸附解吸过程具有明显的迟滞效应。Braida 等研究了多环芳烃在木炭上的吸附解吸过程，研究结果认为解吸滞后现象的存在与木炭上存在的芳环大分子交叉网络状的结果有关[84]。在吸附阶段，多环芳烃分子很容易进入到这些微孔结构中，导致微孔结构溶胀；在解吸阶段，微孔结构塌陷，化合物分子难以从微孔结构中解吸出来，因此表现出解吸滞后现象。为了定量描述阿特拉津在生物质炭中的解吸滞后现象，使研究结果具有一定的可比性，本书采用 Cox 等的研究结果，即把滞后效应定义为吸附解吸等温线吸附强度（$1/n$）的比值，滞后系数（HI）可用式（3-5）表示：

$$HI = n_{des} / n \qquad (3-5)$$

式中，n 和 n_{des} 分别为 Freundlich 模型拟合的吸附和解吸过程中的吸附常数值。

根据吸附解吸等温线 Freundlich 模型拟合的吸附常数值计算 5 种甘蔗渣基生物质炭对阿特拉津的解吸滞后系数（HI）。结果见表 3-4。由表 3-4 可知，阿特拉津在 5 种生物质炭上的解吸滞后系数大小顺序为：GZ550>GZ750>GZ650>GZ350>GZ450。在第 2 章中已讨论过，随着裂解温度的升高，生物质炭灰分含量增加。若阿特拉津与灰分发生作用，未进入到生物质炭的孔隙结构中，故可能导致阿特拉津易从生物质炭上解吸出来。Barriuso 等以滞后系数（HI）为分类依据[201]，当 $HI<0.7$ 时，为正滞后作用；当 $0.7<HI\leqslant1.0$ 时，无滞后作用，即吸附与解吸等温线重合；当 $HI>1.0$ 时，为负滞后作用。根据此分类依据，阿特拉津在 5 种生物质炭上的解吸滞后作用为负滞后作用。

2. 木薯渣基生物质炭对阿特拉津的等温吸附解吸特征

阿特拉津在 5 种不同温度下制备的木薯渣基生物质炭（MS350、MS450、MS550、MS650、MS750）中的吸附解吸等温线见图 3-5。由图 3-5 可知，由于 5 种生物质炭间表面结构性质的差异，5 种木薯渣基生物质炭对阿特拉津的吸附能力亦存在明显差异，MS750 对阿特拉津具有较强的吸附能力。本书主要采用 Freundlich 模型、Langmuir 模型、Nerst 模型和 Temkin 模型定量描述 5 种木薯渣基生物质炭对阿特拉津的吸附解吸特性。

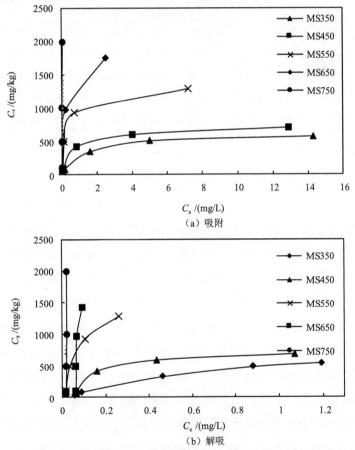

图 3-5　阿特拉津在 5 种木薯渣基生物质炭上的吸附解吸等温线

根据 5 种木薯渣基生物质炭对阿特拉津的吸附等温线如图 3-5（a）所示，计算得到等温吸附模型的相关参数见表 3-5。从表 3-5 可知，木薯渣基生物质炭对阿特拉津具有较强的吸附能力，由其 Freundlich 模型计算得到的 $\lg K_f$ 在 2.280 以上，其中以阿特拉津在 MS750 上的吸附能力最强（lgK_f 为 8.890），并且随着制备温度的升高，木薯渣基生物质炭的吸附能力逐渐增强，即 MS750>MS650>MS550>MS450>MS350。这与在较高温度下制备的木薯渣基生物质炭具有较大的比表面积、发达的孔隙结构和较高的 CEC 有关。在相同的裂解温度下制备的木薯渣基生物质炭对阿特拉津的吸附能力小于甘蔗渣基生物质炭，这可能与生物质炭制备的前驱材料性质有关，具体机理尚有待进一步讨论。

表 3-5　　阿特拉津在木薯渣基生物质炭上吸附模型参数

生物质炭类型	Freundlich 模型			Langmuir 模型			Nerst 模型		Temkin 模型		
	lgK_f	1/n	r	K_L	Q_m/(mg/kg)	r	lgK_d	r	A	B	r
GZ350	2.280	0.525 7	0.976 1	1	555.6	0.999 4	1.685	0.552 7	−1.156	0.003 9	0.994 1
GZ450	2.435	0.503 2	0.938 4	0.916 7	909.1	0.895 9	1.812	0.462 4	−1.386	0.003 4	0.994 9
GZ550	2.840	0.560 0	0.897 9	−0.6	−3 333	0.990 6	2.28	0.499 3	−1.690	0.001 9	0.986 2
GZ650	2.883	0.629 0	0.777 4	−2.333	−357.1	0.857 8	2.413	0.503 8	−1.395	0.001 3	0.927 4
GZ750	8.890	3.804 0	0.825 8	−35.25	−70.92	0.684 9	4.586	0.777 5	−1.802	0.000 2	0.984 1
平均	—	—	0.883 1	—	—	0.885 7	—	0.559 1	—	—	0.977 4

同时由表 3-5 可知，阿特拉津在 5 种木薯渣基生物质炭上中的吸附强度（1/n）值在 0.5032～3.8040，阿特拉津在 5 种木薯渣基生物质炭上的吸附强度有很大的差异性，随着炭化温度的升高，吸附强度（1/n）值逐渐增大，阿特拉津在 5 种木薯渣基生物质炭上的吸附非线性程度逐渐降低。其中阿特拉津在 MS450 上的吸附非线性最强。根据 1/n 值与吸附等温线的形状关系可知[17,18]，阿特拉津在 MS350、MS450、MS550、MS650 中的吸附强度 1/n<1，属于 L 型吸附等温线，阿特拉津在 MS750 中的吸附强度 1/n>1，属于 S 型吸附等温线。这表明吸附等温线非线性随裂解温度的升高而减弱。在等温吸附的初始阶段，MS350、MS450、MS550、MS650 与阿特拉津之间有较强的亲和力，随着 MS350、MS450、MS550、MS650 上吸附位点逐渐被占领，阿特拉津的吸附位点越来越少。

此外，Temkin 模型能够较好地描述阿特拉津在木薯渣基生物质炭上的吸附过程，相关系数 r 值在 0.9274～0.9949，吸附数据拟合均达显著相关（p<0.05）。Temkin 模型主要描述以静电吸附作用为主的化学型吸附过程，这表明木薯渣基生物质炭在吸附阿特拉津时与甘蔗渣基生物质炭的吸附机理相同，即木薯渣基生物质炭与阿特拉津分子之间发生的相互作用力存在静电吸附作用。

由图 3-6 和表 3-6 可知，生物质炭对阿特拉津的吸附强度 1/n 值分别与生物质炭的 C/H 比值、比表面积、CEC 间呈良好的指数关系（$r>0.809$）。这表明生物质炭的芳香性越高、比表面积和 CEC 越大，生物质炭对阿特拉津吸附的非线性越强。生物质炭对阿特拉津的吸附参数 $\lg K_f$ 分别与生物质炭的 C/H 比值、比表面积和 CEC 间均呈较好的指数关系。这表明生物质炭的芳香性越高、比表面积和 CEC 越大，生物质炭对阿特拉津的吸附能力越强。由表 3-6 中的指数回归方程可以预测不同温度下制备的木薯渣基生物质炭的吸附性能；反之，可以通过吸附参数推断生物质炭的结构特征，进而估计其制备过程的裂解温度。与甘蔗渣基生物质炭相同，木薯渣基生物质炭的吸附性能随着其制备温度的变化发生规律性的变化，这主要是由生物质炭结构的变化导致生物质炭对有机物吸附过程中的分配作用和表面吸附作用的变化所致，但其具体机理尚有待进一步研究。

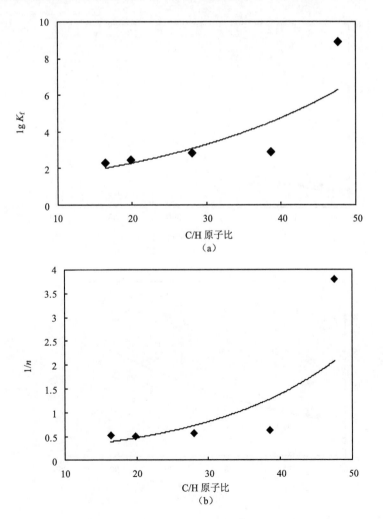

（a）

（b）

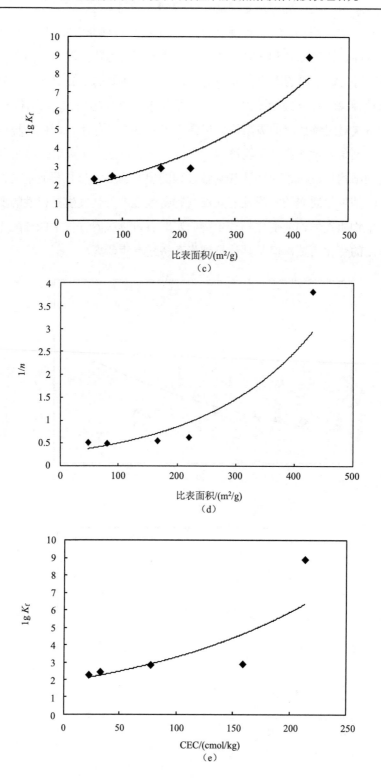

（c）

（d）

（e）

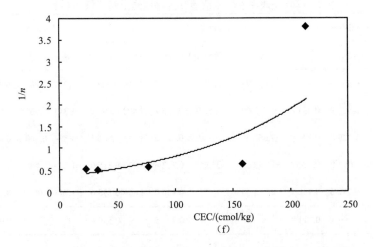

图 3-6　阿特拉津吸附拟合参数与木薯渣基生物质炭性质间的关系

表 3-6　拟合参数与木薯渣基生物质炭性质的线性拟合数据

生物质炭性质	$\lg K_f$		$1/n$	
	指数方程	r	指数方程	r
C/H	$y=1.109e^{0.036x}$	0.848	$y=0.161e^{0.054x}$	0.809
比表面积	$y=1.698e^{0.004x}$	0.956	$y=0.297e^{0.005x}$	0.928
CEC	$y=1.856e^{0.006x}$	0.849	$y=0.340e^{0.009x}$	0.819

图 3-5（b）为阿特拉津在 5 种木薯渣基生物质炭上的解吸等温线，阿特拉津在 5 种木薯渣基生物质炭上的解吸过程亦存在明显的差异。采用 Freundlich 模型、Langmuir 模型、Nerst 模型和 Temkin 模型对阿特拉津在 5 种生物质炭上的解吸等温过程进行线性拟合。其计算结果见表 3-7。

由阿特拉津在 5 种木薯渣基生物质炭上的吸附解吸等温线可知，吸附等温线的非线性强于相对平直的解吸等温线，两者之间存在明显差异，这表明 5 种生物质炭对阿特拉津的解吸过程并非吸附的可逆过程，与甘蔗渣基生物质炭相同，吸附解吸过程具有明显的迟滞效应。采用式（3-5）计算阿特拉津在木薯渣基生物质炭上的解吸滞后系数（HI），计算结果见表 3-7。由表 3-7 可知，阿特拉津在 5 种生物质炭上的解吸滞后系数大小顺序为：MS650>MS750>MS550>MS450>MS350。由此可见，随着裂解温度的升高，阿特拉津在木薯渣基生物质炭上的解吸滞后效应减弱，这可能是生物质炭灰分含量有关，原因可能与甘蔗渣基生物质炭类似，阿特拉津在这 5 种生物质炭上的解吸滞后作用亦为负滞后作用。

表 3-7　阿特拉津在 5 种木薯渣基生物质炭上解吸模型参数

生物质炭类型	Freundlich 模型			Langmuir 模型			Nerst 模型		Temkin 模型			HI
	$\lg K_f$	$1/n$	r	K_L	$Q_m/(mg/kg)$	r	$\lg K_d$	r	A	B	r	
GZ350	2.732	0.848 3	0.990 4	0.076 92	10 000	0.968 7	2.710	0.927 5	−1.277	0.002 6	0.989 0	1.61
GZ450	2.993	0.905 9	0.884 8	−1.333 00	−625.00	0.733 2	2.892	0.492 0	−1.343	0.001 8	0.937 2	1.80
GZ550	3.936	1.126 0	0.904 0	−7.667 00	−434.80	0.727 2	3.743	0.801 1	−1.824	0.000 9	0.989 5	2.01
GZ650	9.559	6.092 0	0.704 2	−11.58 00	−35.97	0.322 6	3.977	0.315 0	−1.229	0.000 11	0.912 3	9.68
GZ750	36.60	19.780 0	0.988 1	−49.15 00	−10.17	0.906 0	4.606	0.118 5	−1.748	0.000 04	0.730 3	5.20
平均	—	—	0.894 3		—	0.731 5	—	0.530 8	—		0.911 7	—

3.3.3　阿特拉津在生物质炭上的吸附热力学研究

本书分别考察了不同温度下（288 K、298 K 和 308 K）阿特拉津在 10 种生物质炭上等温吸附状况。三种不同温度下生物质炭中阿特拉津的吸附等温线见图 3-7、图 3-8。同时对三种温度下阿特拉津在 10 种生物质炭中的吸附数据采用 Freundlich 模型和 Langmuir 模型进行线性拟合，计算结果见表 3-8。由表 3-8 可知，Freundlich 模型和 Langmuir 模型均能较好地拟合三种温度下阿特拉津在生物质炭中的吸附过程。由表 3-8 可知，随着温度的升高，阿特拉津在 10 种生物质炭上的吸附常数 $\lg K_f$ 值逐渐增大，说明随着温度的升高，阿特拉津在生物质炭上的吸附容量不断增加，这与吸附等温线的结果基本一致，这表明温度的升高有利于吸附反应的进行。

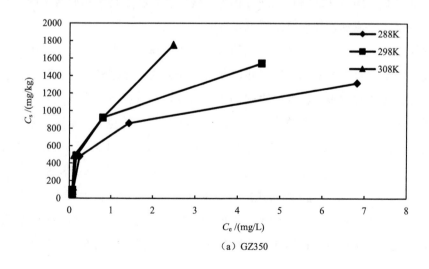

（a）GZ350

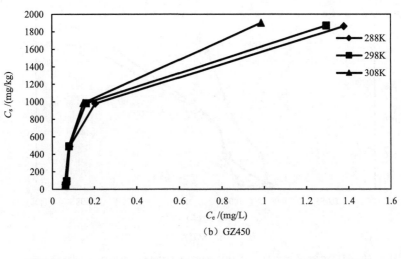

（b）GZ450

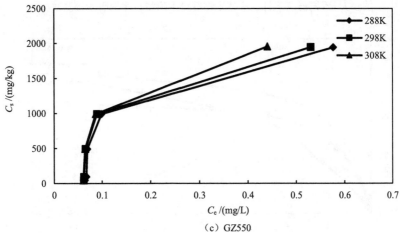

（c）GZ550

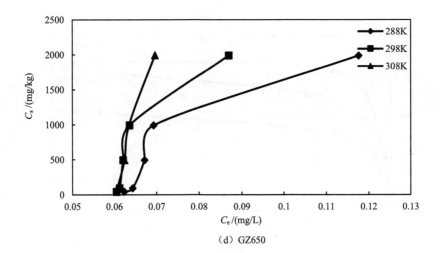

（d）GZ650

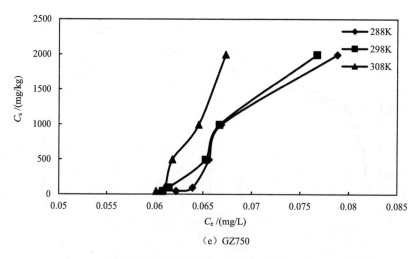

（e）GZ750

图 3-7 不同温度下甘蔗渣基生物质炭中阿特拉津的吸附等温线

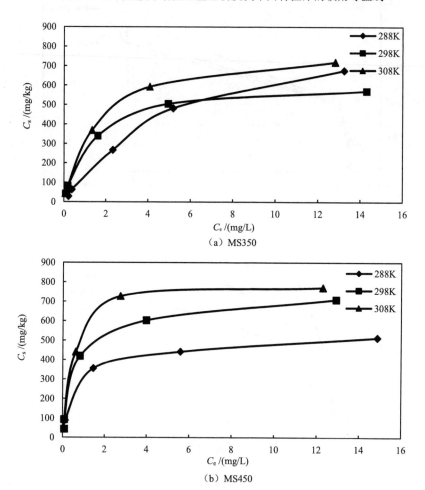

（a）MS350

（b）MS450

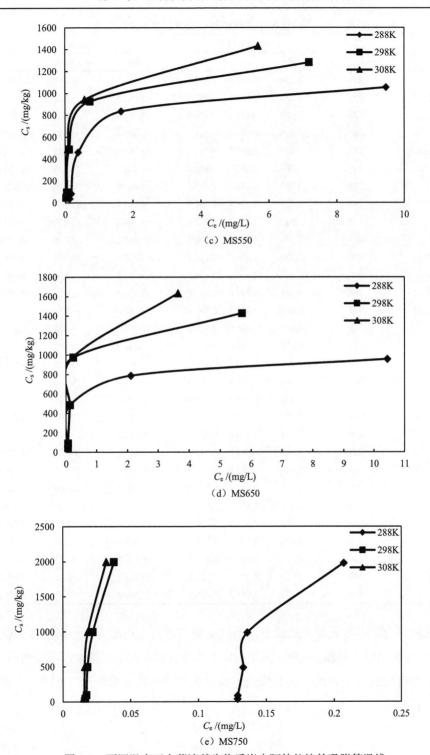

图 3-8　不同温度下木薯渣基生物质炭中阿特拉津的吸附等温线

表 3-8　　不同温度下土壤中阿特拉津的吸附模型参数

土壤类型	温度/K	Freundlich 模型			Langmuir 模型		
		$\lg K_f$	$1/n$	r	K_L	Q_m/(mg/kg)	r
GZ350	288	2.714	0.693 0	0.902 6	−0.600 0	−1 111.11	0.888 5
	298	2.869	0.754 7	0.886 8	−1.083 3	−769.23	0.850 9
	308	3.001	0.849 3	0.876 9	−1.181 8	−769.23	0.780 6
GZ450	288	3.305	0.996 2	0.811 1	−2.909 1	−312.50	0.748 3
	298	3.330	0.986 2	0.787 1	−3.363 6	−270.27	0.740 4
	308	3.462	1.083 8	0.802 0	−3.454 5	−263.16	0.738 9
GZ550	288	3.702	1.242 3	0.727 9	−4.000 0	−250.00	0.609 3
	298	3.735	1.234 8	0.716 9	−4.111 1	−270.27	0.581 1
	308	3.883	1.352 7	0.722 4	−4.444 4	−250.00	0.581 5
GZ650	288	7.594	4.483 4	0.736 5	−9.611 1	−57.80	0.569 7
	298	11.276	7.425 7	0.711 7	−1.217 4	−357.14	0.514 1
	308	31.169	23.896 0	0.854 8	−14.861 1	−9.34	0.668 5
GZ750	288	19.288	14.304 0	0.827 0	−13.326 5	−16.23	0.669 5
	298	20.011	14.835 0	0.892 9	−13.740 0	−15.31	0.739 9
	308	43.843	34.446 0	0.965 6	−15.168 1	−5.83	0.835 8
MS350	288	2.072	0.764 4	0.988 4	0.058 0	2 500.00	0.991 6
	298	2.280	0.525 7	0.976 1	1.000 0	555.56	0.999 4
	308	2.360	0.563 3	0.981 3	1.428 6	500.00	0.987 9
MS450	288	2.295	0.453 9	0.957 6	1.000 0	666.67	0.978 2
	298	2.435	0.503 2	0.938 4	0.916 7	909.09	0.895 9
	308	2.504	0.530 6	0.921 5	0.818 2	1 111.11	0.885 6
MS550	288	2.546	0.725 1	0.873 7	−0.625 0	−500.00	0.938 0
	298	2.840	0.560 0	0.897 9	−0.600 0	−3 333.33	0.990 6
	308	2.939	0.541 8	0.910 9	−0.666 7	−5 000.00	0.929 1
MS650	288	2.630	0.490 2	0.834 5	−0.500 0	−2 000.00	0.848 8
	298	2.883	0.629 3	0.777 4	−2.333 3	−357.14	0.857 8
	308	3.000	0.736 9	0.799 6	−2.583 3	−322.58	0.842 1
MS750	288	7.291	5.697 8	0.682 3	−5.159 1	−44.05	0.489 0
	298	8.890	3.803 5	0.825 8	−35.250 0	−70.92	0.684 9
	308	9.191	3.851 2	0.766 7	−33.500 0	−74.63	0.601 4

　　吸附热力学参数计算方法较多，不同的研究者所采用的方法不同。本书根据 Freundlich 模型拟合参数，运用吉布斯自由能方程计算温度对平衡吸附系数的影响。吸附标准自由能（ΔG^{θ}）、标准焓变（ΔH^{θ}）和吸附的标准熵变（ΔS^{θ}）由如下公式计算：

$$\Delta G^{\theta} = -RT\ln K_f \qquad (3\text{-}6)$$

$$\Delta G^{\theta} = \Delta H^{\theta} - T\Delta S^{\theta} \qquad (3\text{-}7)$$

式中，K_f 为 Freundlich 模型的平衡吸附常数；ΔG^θ 为吸附标准自由能；ΔH^θ 为吸附标准焓变；ΔS^θ 为吸附的标准熵变；R 为气体摩尔常数 [8.314 J/（K·mol）]；T 为绝对温度（K）。

从式（3-7）中可知，ΔG^θ 与 T 之间为线性关系。对 ΔG^θ 与 T 作图，结果见图 3-9。

由图 3-9 可知，阿特拉津在 10 种生物质炭中的 ΔG^θ 与 T 之间呈线性关系。

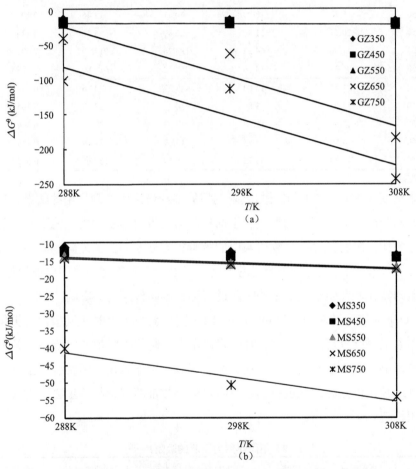

图 3-9　10 种生物质炭中温度对吸附自由能（ΔG^θ）的影响

根据上述公式计算得到的热力学参数见表 3-9。由表 3-9 可知，所有温度条件下的吸附反应的标准自由能 $\Delta G^\theta < 0$，$\Delta H^\theta > 0$，这表明阿特拉津在生物质炭中的吸附是自发进行的且属于吸热反应。升高温度有利于吸附反应的进行。ΔG^θ 值的大小反映吸附过程中推动力的强弱，ΔG^θ 的绝对值越大，表明阿特拉津吸附过程的推动力越大，生物质炭对阿特拉津的吸附作用越强。不同温度条件下的 ΔG^θ 绝对值的大小顺序为：$\Delta G^{\theta}_{308K} > \Delta G^{\theta}_{298K} > \Delta G^{\theta}_{288K}$，说明随着温度的升高，阿特拉津与生物质炭之间的吸附作用力增强。

表 3-9　　10 种生物质炭吸附阿特拉津的热力学参数

生物质炭	ΔG^{θ} /(kJ/mol)			ΔH^{θ}	ΔS^{θ}
	288K	298K	308K	/(kJ/mol)	/(kJ/mol/K)
GZ350	−14.96	−16.36	−17.69	24.37	0.136 6
GZ450	−18.22	−18.99	−20.41	13.46	0.109 6
GZ550	−20.41	−21.31	−22.89	15.46	0.124 1
GZ650	−41.86	−64.33	−183.78	2 017.90	7.095 7
GZ750	−106.34	−114.16	−258.52	2 017.80	7.609 0
MS350	−11.42	−13.00	−13.91	24.26	0.124 3
MS450	−12.65	−13.89	−14.27	17.73	0.105 7
MS550	−14.04	−16.20	−17.33	33.22	0.164 7
MS650	−14.50	−16.45	−17.69	31.38	0.159 7
MS750	−40.20	−50.72	−54.19	160.16	0.699 7

吸附焓变（ΔH^{θ}）是吸附质与吸附剂间的多种作用力共同作用的结果，反映了吸附质与吸附剂间作用力的性质，不同作用力对吸附焓变的贡献值不同。前文研究结果表明，阿特拉津在生物质炭中的吸附行为存在明显的差异。此外，有机污染物在固-液界面上发生的吸附过程通常是以多种吸附作用力共同作用的结果。因此推测阿特拉津在生物质炭中的吸附过程存在不同作用力的影响。

von Oepen 等通过对 OECD guideline 106 方法得到的 50 种不同极性有机化合物的吸附参数进行分析，研究了各种吸附作用力引起的吸附焓变化范围，见表 3-10。鉴于本书试验方法与其一致，这一结论可以直接作为研究阿特拉津生物质炭吸附机理的理论依据。即通过得到的吸附焓变参数推断阿特拉津生物质炭吸附的可能作用机理。

表 3-10　　不同作用力引起的吸附热[202]

范德华力	疏水作用	氢键	电荷转移	离子和配位基交换	偶极间力	化学键
4～10	≈5	2～40	无有效数据	≈40	2～29	>60

结合 von Open 等的研究结论，由表 3-9 可知，阿特拉津在 10 种生物质炭中的吸附焓变（ΔH^{θ}）存在明显差异。在 GZ350、GZ450、GZ550、MS350、MS450 上主要存在氢键和偶极间力；在 MS550 和 MS650 上只存在氢键；在 GZ650、GZ750 和 MS750 上主要存在化学键。

标准熵变（ΔS^{θ}）是生物质炭吸附和阿特拉津解吸的共同作用的结果：这一方面主要是阿特拉津从水相进入生物质炭的表面或者层间，阿特拉津运动自由度降低，标准吸附熵变（ΔS^{θ}）减小；此外，随着温度的升高，导致更多的分子态或者离子态的阿特拉津在溶液中做无规则的运动，使得标准吸附熵变（ΔS^{θ}）增大。标准吸附熵变（ΔS^{θ}）的增大是促使阿特拉津在生物质炭表面或者层间吸附的推动力。当阿特拉津的初始浓度较低时，阿特拉津主要通过离子交换作用被供试生物质炭吸附。$\Delta S^{\theta} > 0$，这主要是在阿特拉津的吸附过程中，溶液中未被生物质炭吸附的阿特拉津的熵变（ΔS^{θ}）的增加大于被生物质炭吸附的阿特拉津的熵变（ΔS^{θ}）的减小值，因此标准吸附熵变（ΔS^{θ}）为正值。

3.3.4　生物质炭对阿特拉津的等温吸附作用机理

1. 甘蔗渣基生物质炭吸附阿特拉津的作用机理

为探讨阿特拉津在生物质炭中的吸附机理，将 5 种甘蔗渣生物质炭对阿特拉津的吸附量采用式（3-8）～式（3-10）表示，研究其吸附过程中是以表面吸附占主导还是分配作用占主导。

$$Q_{\mathrm{T}} = Q_{\mathrm{P}} + Q_{\mathrm{A}} \qquad (3\text{-}8)$$

$$Q_{\mathrm{P}} = K_{\mathrm{oc}} f_{\mathrm{oc}} C_{\mathrm{e}} \qquad (3\text{-}9)$$

$$Q_{\mathrm{A}} = K C_{\mathrm{e}}^{n} - K_{\mathrm{oc}} f_{\mathrm{oc}} C_{\mathrm{e}} \qquad (3\text{-}10)$$

式中，Q_{T} 为阿特拉津的总吸附量（mg/kg）；Q_{P} 为吸附过程中因分配作用产生的阿特拉津吸附量（mg/kg）；Q_{A} 为吸附过程中因表面吸附作用产生的阿特拉津吸附量（mg/kg）；K_{oc} 是根据公式 $K_{\mathrm{oc}} = K_{\mathrm{d}} / f_{\mathrm{oc}}$ 对 K_{d} 值进行有机碳标准化处理后的分配系数（L/kg）；f_{oc} 为供试生物质炭中有机碳的含量。

5 种甘蔗渣生物质炭对阿特拉津吸附过程中分配作用和表面吸附作用的浓度方程见表 3-11。

根据表 3-11 中计算公式，可得出 Q_{T}、Q_{P}、Q_{A} 随平衡溶液浓度 C_{e} 的变化曲线，阿特拉津在 5 种甘蔗渣生物质炭中的 Q_{T}、Q_{P}、Q_{A} 值随平衡溶液浓度 C_{e} 的变化曲线图见图 3-10。由图 3-10 可知，5 种甘蔗渣基生物质炭对阿特拉津的吸附包括表面吸附和分配作用两个过程。分配作用和表面吸附作用对 5 种甘蔗渣生物质炭吸附阿特拉津的贡献大小存在明显差异。GZ350、GZ450 和 GZ550 主要以分配作用为主，表面吸附的贡献较小。生物质炭的表面吸附作用与其比表面积呈正相关[188]。随着热解温度的升高，表面吸附作用的贡献逐渐增大。在平衡溶液浓度较低时，GZ650 和 GZ750 对阿特拉津的吸附机理是分配作用和表面吸附的共同作用。由此可见，甘蔗渣基生物质炭的吸附机理与炭化温度有关，低温制备的生物质炭主要以分配作用为主，随着热解温度的升高，逐步向以表面吸附作用为主。这与已有的研究结果相似[189]。

表 3-11　分配作用和表面吸附作用对生物质炭吸附阿特拉津的贡献

生物质炭类型	分配作用	表面吸附作用
GZ350	$Q_P = 366.44\,C_e$	$Q_A = 739.26\,C_e^{0.7547} - 366.44\,C_e$
GZ450	$Q_P = 1531.09\,C_e$	$Q_A = 2135.99\,C_e^{0.9862} - 1531.09\,C_e$
GZ550	$Q_P = 3854.78\,C_e$	$Q_A = 5431.25\,C_e^{1.2348} - 3854.78\,C_e$
GZ650	$Q_P = 12050.36\,C_e$	$Q_A = 1.89 \times 10^{11}\,C_e^{7.4257} - 12050.36\,C_e$
GZ750	$Q_P = 11748.98\,C_e$	$Q_A = 1.03 \times 10^{20}\,C_e^{14.835} - 11748.98\,C_e$

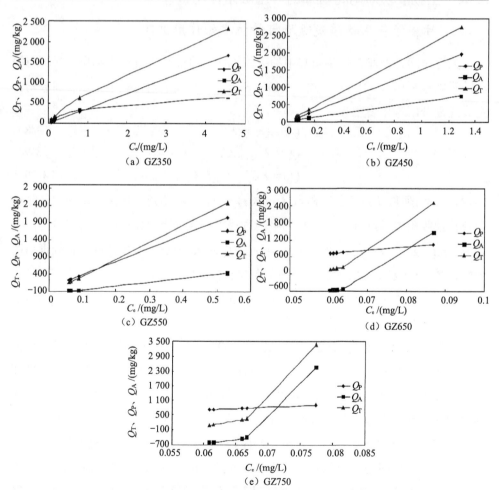

图 3-10　分配作用和表面吸附作用对生物质炭吸附阿特拉津的贡献

2. 木薯渣基生物质炭吸附阿特拉津的作用机理

根据式（3-8）～式（3-10）对吸附数据进行计算即可得到 5 种木薯渣生物质炭对阿特拉津吸附过程中分配作用和表面吸附作用的浓度方程，见表 3-12。根据表 3-12 中计算公式，可得出 Q_T、Q_P、Q_A 随平衡溶液浓度 C_e 的变化曲线，阿特拉津在 5 种木薯渣生物质炭中的 Q_T、Q_P、Q_A 值随平衡溶液浓度 C_e 的变化曲线图见图 3-11。由图 3-11 可见，5 种木薯渣生物质炭对阿特拉津的吸附包括分配作用和表面吸附作用两个过程。MS350、MS450、MS550 和 MS650 对阿特拉津的吸附作用是分配作用和表面吸附共同作用的结果；对 MS750 吸附剂，主要以分配作用为主。结果表明，炭化温度是影响生物质炭对阿特拉津吸附的重要影响因素。高温制备的炭具有发达的介孔和微孔结构，可快速吸附溶液中的农药，吸附量可能还未饱和，因此，表面吸附可能还未发生作用。

表 3-12　分配作用和表面吸附作用对生物质炭吸附阿特拉津的贡献

生物质炭类型	分配作用	表面吸附作用
MS350	$Q_P = 48.41\,C_e$	$Q_A = 190.37\,C_e^{0.5257} - 48.41\,C_e$
MS450	$Q_P = 64.86\,C_e$	$Q_A = 272.08\,C_e^{0.5032} - 64.86\,C_e$
MS550	$Q_P = 190.61\,C_e$	$Q_A = 691.83\,C_e^{0.5600} - 190.61\,C_e$
MS650	$Q_P = 258.82\,C_e$	$Q_A = 764.54\,C_e^{0.6293} - 258.82\,C_e$
MS750	$Q_P = 38560\,C_e$	$Q_A = 7.62 \times 10^8\,C_e^{3.8035} - 38560\,C_e$

3.3.5　吸附解吸机理–结构特征效应

1. 分配作用与极性指数之间的关系分析

生物质炭的分配系数 K_d 与生物质炭极性指数（O+N）/C 之间的关系见图 3-12。由图 3-12（a）和表 3-2 可知，随着甘蔗渣基生物质炭制备过程中裂解温度的升高，分配系数 K_d 值逐渐增大，于 GZ650 时达到最大，分别为 GZ350、GZ450、GZ550 的 32.9、7.9、3.1 倍，接着 K_d 值减小，GZ750 的 K_d 值略小于 GZ650。GZ750 和 GZ650 的 K_d 值相差不大的原因可能在于高温时（>600 ℃）甘蔗渣的无定形物质已完全转化为芳香碳。

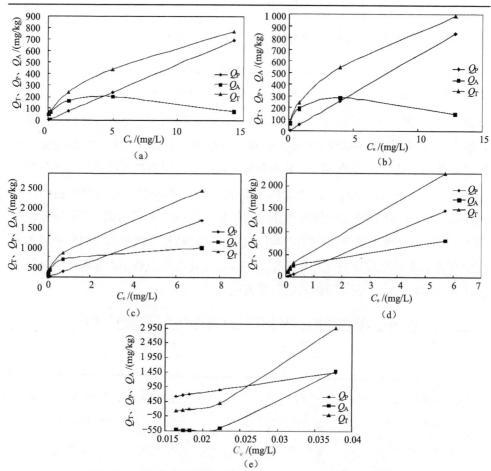

图 3-11　分配作用和表面吸附作用对生物质炭吸附阿特拉津的贡献

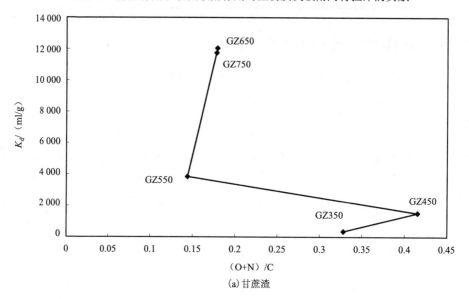

(a)甘蔗渣

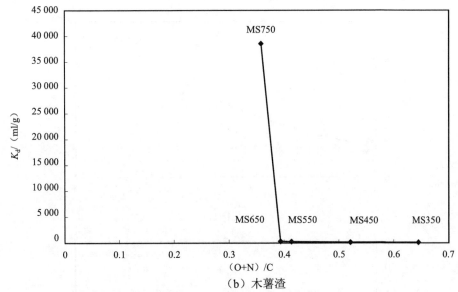

（b）木薯渣

图 3-12　阿特拉津的分配系数(K_d)与生物质炭极性指数((O+N)/C)间的关系

　　木薯渣基生物质炭的分配系数与其极性指数间的关系和甘蔗渣生物质炭的呈现相类似的规律，如图 3-12(b)所示。随着热解温度的升高，生物质炭的极性减弱，分配系数 K_d 值从 48.41ml/g(MS350)逐渐增大为 38560 ml/g(MS750)，表现为 MS350<MS450<MS550<MS650<MS750。

　　生物质炭的分配作用与其极性指数间关系取决于生物质炭的炭化程度。不同的炭化组分决定了与有机污染物的匹配性和有效性。低温制备的碳未完全炭化，含有大量的无定形组分，如聚酯类物质，极性较高，不利于农药的吸附。随着热解温度的升高，无定形的物质转换为极性低的芳香碳，促进了生物质炭的分配相和阿特拉津的匹配性，进而增加阿特拉津在生物质炭上的吸附容量。因此，对于 GZ650、GZ750 和 MS750 吸附剂，阿特拉津可能在其上发生了孔隙填充作用，等温线表现为非线性。

2. 解吸滞后效应与生物质炭孔体积间关系

　　在探讨土壤有机质对有机物的吸附解吸迟滞效应的解释中，最为合理的是由 Pignatello 等提出的"微孔调节效应"。该研究认为造成解吸迟滞效应的主要原因是微孔填充。为进一步探讨生物质炭的微孔结构对吸附阿特拉津的吸附解吸迟滞作用的影响，将生物质炭微孔孔容（v）对吸附解吸迟滞系数（HI）进行指数相关分析，分析结果见图 3-13。

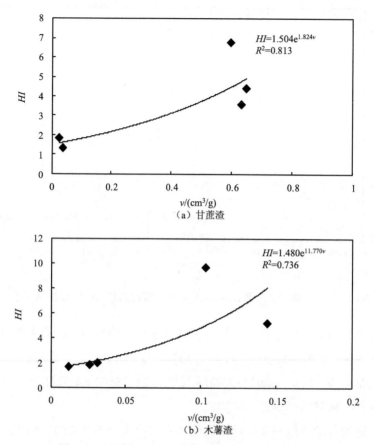

图 3-13　吸附解吸迟滞系数与生物质炭微孔孔容的关系

由图 3-13 可知，以甘蔗渣、木薯渣为前驱材料制备的生物质炭对阿特拉津的吸附解吸迟滞系数与生物质炭微孔孔容呈现良好的指数相关性。相关方程分别为 HI _甘蔗渣炭_$=1.504e^{1.824v}$（$R^2=0.813$），HI _木薯渣炭_$=1.480e^{11.770v}$（$R^2=0.736$）。这表明生物质炭对阿特拉津的吸附过程主要包括微孔填充，微孔填充是造成阿特拉津在生物质炭中吸附解吸迟滞效应的主要原因。

3. 不同生物质炭制备条件对吸附性能的影响

不同生物质炭制备条件（裂解温度、缺氧情况等）及生物质炭制备的不同前驱材料对形成的生物质炭的性质具有重要的影响。

生物质炭是一种非均质性的吸附材料，由完全炭化部分和未完全炭化部分组成，其代表着不同的吸附机理。完全炭化部分类似于玻璃态域，即硬炭，芳香性高且比表面积较大，对有机污染物的吸附主要以较强的非线性的孔隙填充机理为主。未完全炭化部分类似于橡胶态域，即软炭，含较多的无定形分配介质，因此，线性的分配机理占主导作用[202,203]。

以甘蔗渣为前驱物制备的不同温度下的生物质炭对阿特拉津的吸附能力大小如下：GZ350<GZ450<GZ550<GZ650/GZ750。GZ650 和 GZ750 的吸附能力差异不大，可能与甘蔗渣的组分和炭化程度有关，致使 GZ650 和 GZ750 的理化性质变化不大。随着热解温度的升高，以木薯渣为前驱物制备的不同温度下的生物质炭对阿特拉津的亲和力越高。

木薯是一种灌木状多年生作物，木薯渣是木薯淀粉或酒精加工后的废料，其主要成分为纤维素（30%～40%）、木质素（15%～20%）、半纤维素（25%～35%）[204]；甘蔗是一种一年生或多年生热带和亚热带禾本科植物，纤维素约占 35%～45%，半纤维素占 25%，木质素占 20%左右[205]。对于不同的前驱物，其官能团已有所不同，如甘蔗渣分子中含有—OH、—COOH 和—NH$_2$ 等多种功能基团[206]。不同组分或含量的热解温度不同，进而制备的生物质炭的性质也有所不同，其对有机污染物的能力也有所差异。

3.4　小　　结

（1）阿特拉津在 10 种供试生物质炭中的吸附动力学试验表明，其吸附过程是一个先快后慢的过程。伪二级动力学方程可较好地描述其吸附量和平衡时间的关系，并且相关系数达极显著水平（$p<0.01$）。

（2）Temkin 模型能够较好地描述阿特拉津在两种前驱物制备的生物质炭上的吸附过程，吸附数据拟合均达显著相关（$p<0.05$）。表明生物质炭与阿特拉津分子之间发生的相互作用力存在静电吸附作用。随着制备温度的升高，生物质炭的吸附能力逐渐增强，吸附等温线非线性减弱，并且在解吸过程存在明显的负滞后效应。

（3）吸附热力学参数 $\Delta G^{\theta}<0$，$\Delta H^{\theta}>0$，表明阿特拉津在生物质炭中的吸附是自发进行的且属于吸热反应。不同温度下所制备的生物质炭对阿特拉津的作用机理不同。GZ350、GZ450、GZ550、MS350、MS450 上主要存在氢键和偶极间力；在 MS550 和 MS650 上只存在氢键；在 GZ650、GZ750 和 MS750 上主要存在化学键。

（4）根据等温吸附线分解法，定量描述了阿特拉津在 10 种生物质炭上的分配作用和表面吸附作用的相对贡献。GZ350、GZ450、 GZ550 和 MS750 主要以分配作用为主，表面吸附的贡献较小。MS350、MS450、MS550、MS650、GZ650 和 GZ750 对阿特拉津的吸附机理是分配作用和表面吸附的共同作用。热解温度是影响生物质炭吸附阿特拉津的重要因素。

（5）低温制备的生物质炭组分主要为无定形组分，极性较高，芳香性较低。随着炭化温度的升高，生物质炭的芳香性增加，即从"软炭"域逐渐过渡到"硬炭"域，对阿特拉津的亲和力增强，生物质炭的分配介质与阿特拉津之间的极性匹配性增大，分配系数 K_d 亦随之增大。高温炭因具有高芳香性和发达的微孔结构，可能发生空隙填充机理。此外，不同的制备材料或制备条件影响生物质炭的理化性质，进一步影响有机污染物的吸附容量。

第4章 阿特拉津在土壤中吸附解吸特征研究

4.1 引 言

阿特拉津是国内外广泛使用的一类除草剂。在美国，每年使用阿特拉津量达 4×10^4 t，占全年所用除草剂总量的 60%[207]。虽然我国对于阿特拉津的生产和使用较晚，但是近年来我国阿特拉津的使用量每年以约 20%的增幅增长。据相关研究报道，仅 2008 年我国阿特拉津的使用量就已超过 5000 t[208]。阿特拉津在环境中的持效期长，其半衰期达 60 d，施用后的阿特拉津随地表径流，通过迁移、淋溶、沉降等多种途径进入地表和地下水体。目前，阿特拉津及其降解产物在绝大多数国家和地区的水环境中均有检出[209,210]。据史伟等研究[208]报道，阿特拉津在北京市备用水源水库中的检出浓度达 0.67～3.9 μg/L。研究表明，进入到自然水体中的阿特拉津可导致水生生物内分泌系统紊乱，对其生长繁殖造成影响[211]。

吸附和解吸是有机污染物在土壤中的主要环境行为之一，同时有机污染物在土壤中的其他环境行为会受到吸附强度的影响。对于农药在土壤中的吸附的研究报道较多。如除草剂胺苯磺隆在 6 种土壤中的吸附能力受土壤理化性质的影响，其吸附常数 K_f 为 1.71～5.46[212]。磺酰磺隆在土壤中的吸附常数（K_f）在 1.15～3.05，其在土壤中的降解半衰期为 14.5～42.5 d[213]。烯啶虫胺在土壤中的吸附常数 K_d 值为 0.37～2.59，属于难吸附的农药[214]。不同农药在土壤中的吸附能力存在差异，这主要与农药本身的特性和土壤理化性质有关。

目前国内外对阿特拉津的研究多集中于阿特拉津除草活性及特点、药效实验降解等方面，而对于其在土壤中吸附等环境行为的研究较少。因此，本书选取阿特拉津为代表性药物，研究阿特拉津在三种土壤上的吸附解吸特性，揭示其在三种土壤中的吸附解吸机理，以期为阿特拉津在土壤中的环境风险评价和生态治理提供科学依据，为保障农产品质量安全提供理论支持。

4.2　材料与方法

4.2.1　供试材料

阿特拉津购自德国 DR. Ehrenstofer 公司（纯度>99.9%）；$CaCl_2$、NaN_3 为分析纯；其他有机溶剂均为 HPLC 级试剂；试验用水为 Spring-S60i+PALL 超纯水系统制备。

供试土壤采自 0～20 cm 土层，分别为发育自砂岩砂页岩的砖红壤（采自海南省儋州市大成镇犁头村）、发育自花岗岩的水稻土（采自海南省琼中县湾岭镇新仔村）和发育自河流沉积物的潮土（采自北京市六环外青云店）。采样点周围无明显污染源，土壤样品中未检出阿特拉津。将三种土壤于室内风干，再研磨过筛（60 目）备用，三种供试土壤的理化性质见表 4-1。

表 4-1　供试土壤的理化性质

土壤类型	有机质/%	pH（$CaCl_2$）	全氮/%	全磷/%	全钾/%	阳离子交换量/(cmol/kg)	机械组成（体积比，%）		
							黏粒	粉粒	沙粒
砖红壤	3.23	4.2	0.14	0.027	0.22	7.47	25.68	40.19	34.13
水稻土	4.19	5.2	0.19	0.029	0.80	7.16	33.99	23.92	42.09
潮土	6.37	7.5	0.06	0.027	2.77	7.24	16.23	59.27	24.50

4.2.2　主要仪器设备

HPLC 仪（Waters Alliance 2695）；人工振荡培养箱（ZDP-150 型，上海精宏实验设备有限公司）；高速冷冻离心机（Eppendorf, Centrifuge 5804R）。

4.2.3　试验设计与实施

1. 吸附动力学实验

吸附实验前用电解质溶液（调 pH 为 7）将农药储备液稀释成实验所需的浓度。分别称取一定量的三种土壤置于聚乙烯离心管中，加入浓度为 5 mg/L 的农药电解质溶液 10 ml，使用的吸附背景液为 pH=7、0.01 mol/L $CaCl_2$、0.2 g/ L NaN_3

的混合溶液。加盖密封，于 25 ℃条件下置于恒温振荡器上，200 r/min 恒温避光振荡一定时间。分别于 35 min、180 min、360 min、540 min、1290 min、1440 min、2880 min 取样。5000 r/min 下离心 5 min；取 2 ml 上清液过 0.45 um 的滤膜，采用 HPLC 法测定阿特拉津的浓度。吸附试验结束后，弃去上清液，加入 10 ml 不含阿特拉津的背景溶液进行解吸实验，其他步骤同吸附试验步骤，取样的时间为 120 min、300 min、1140 min、1440 min 和 2880 min，分别取上清液测定阿特拉津的浓度。采用动力学方程模拟生物质炭对阿特拉津的吸附过程。

2. 吸附解吸特征试验

目前，污染物在土壤中吸附研究的实验方法很多，主要有振荡平衡法、水/正辛醇分配系数法、土壤柱淋溶法、HPLC 法等；解吸研究的方法有连续稀释解吸法、间歇稀释脱附法。每种实验方法各具优缺点。为使研究结论具有一定的可比性，本书吸附试验参照 OECD guideline 106 批平衡方法进行[215]。

在预试验过程中，分别依次确定适合阿特拉津吸附试验的水土比、起始浓度梯度和吸附平衡时间。

称取上述三种供试土样（2.0000±0.0005）g 于 50 ml 聚丙烯塑料管中，加入 10 ml 不同浓度阿特拉津的 $CaCl_2$ 溶液。以上处理均做三个重复，同时设置空白对照。本书设置的三种土壤悬浊液中阿特拉津的起始浓度梯度为 0 mg/L、0.5 mg/L、1 mg/L、5 mg/L、10 mg/L、20 mg/L。其他同 3.2.3 节。按式（4-1）计算吸附剂中吸附量：

$$C_s = \frac{(C_0 - C_e)V}{m} \tag{4-1}$$

式中，C_s 代表单位质量土壤所吸附的阿特拉津总量（mg/kg）；C_0 为 5 种阿特拉津初始浓度（mg/L）；C_e 代表达到吸附解吸平衡时平衡溶液阿特拉津浓度（mg/L）；V 为平衡溶液体积（L）；m 为试验中土壤质量（kg）。

解吸过程同 3.2.3 中方法。分别用吸附和解吸试验前后土壤溶液中阿特拉津含量之差可以计算得到三种土壤对阿特拉津的吸附量和解吸量。

3. 吸附热力学

用 pH 为 7 的电解液配制浓度为 0 mg/L、0.5 mg/L、1 mg/L、5 mg/L、10 mg/L、20 mg/L 的阿特拉津农药标准液。分别称取三种土壤于 50 ml 离心管中，并加入 10 ml 不同浓度的农药标准液，将上述样品分别置于 15 ℃、25 ℃、（35±0.5）℃条件下避光振荡，24 h 后取出离心，测定上清液中农药的含量。具体操作步骤同 3.2.3 节中方法。

4. pH 对三种土壤中阿特拉津吸附的影响

分别称取三种供试土壤于 50 ml 离心管中，加入 pH 为 3、5、7、9（用 1 mol/L 的 HCL 和 NaOH 调节）的阿特拉津标准溶液 10 ml（浓度为 5.0 mg/L）进行吸附实验，同时实验设三组平行。其他操作步骤参照 3.2.3 节中方法。

5. 阿特拉津的测定

同 3.2.3 节。

4.2.4　数据处理与分析

实验数据采用 SAS6.12 软件进行统计分析，使用 Microsoft Office Excel 2003 软件进行数据处理和图表制作。

4.3　预实验结果

4.3.1　水土比的确定

鉴于阿特拉津的吸附能力较弱及自身的仪器条件，并参考《化学农药环境安全评价试验准则》，因此在预实验过程中，用 5 mg/L 的阿特拉津溶液按照不同水土比进行配置振荡 48 h，离心取上清液测阿特拉津的浓度，最终确定水土比为 5∶1。

4.3.2　阿特拉津起始浓度梯度确定

以水土比 5∶1 条件下选择不同阿特拉津初始浓度振荡 48 h 平衡后，并测定上清液中阿特拉津浓度，对三种土壤确定了合适的浓度梯度，详见 4.2.3 节中相关内容。

4.3.3　试验过程中阿特拉津的损失

以不含土壤的 5 mg/L 阿特拉津溶液 20 ml 在 3.2.3 节中条件下进行吸附试验后，测定其中阿特拉津的浓度，并与 4 ℃下避光保存的标准溶液相比较，两者间含量差异并未达显著水平。

由此可见，在吸附试验过程中，未观察到阿特拉津明显的光解或器壁吸附损失，即在整个试验过程中阿特拉津控制样品的浓度基本保持不变。

同时，取 4 ℃下避光保存的标准溶液以 0.45 μm 滤膜过滤后测定阿特拉津浓度。结果与标准溶液比较后发现，两者间未观察到明显差别。这表明滤膜对阿特拉津的吸附同样可以忽略不计。

4.4　阿特拉津吸附动力学

4.4.1　吸附动力学

依照 4.2.3 节中方法，取三种供试土壤若干份在 5 mg/L 阿特拉津试验浓度下避光振荡平衡。分别于 0 min、35 min、180 min、360 min、540 min、1290 min、1440 min、2880 min 取样离心、过滤后测定其中阿特拉津浓度。结果见图 4-1（a），表明三种供试土壤对阿特拉津的吸附过程相似。在吸附初期（2 h 以内），三种土壤溶液中阿特拉津的吸附过程反应快速，阿特拉津在溶液中的浓度呈急剧减少之势；吸附中期（2～24 h），吸附过程慢慢趋于平衡，平衡液浓度基本不变，吸附速率减小；在吸附后期（24 h 以后），吸附过程反应仍较缓慢，平衡液浓度略微降低。

出现这种现象可能是因为吸附初期，土壤中的有机质占主导作用，土壤颗粒表面的剩余力较多，可从外界捕获物质离子，使其平衡力场得以补偿，从而使其表面吉布斯函数降低，所以阿特拉津扩散速率就很大；之后随着扩散吸附过程的进行，土壤颗粒表面被阿特拉津分子所占据，表面的剩余力相对减小，阿特拉津进入土壤的空隙填充相，过程进行的推动力逐渐减小，吸附逐步趋向平衡态。在快速反应阶段，阿特拉津的吸附可能受溶液中阿特拉津浓度和土壤固相活性点位浓度的共同影响；而慢速反应阶段与阿特拉津进入土壤颗粒内部点位排列有一定的相关性。当土壤中全部吸附点位均被阿特拉津分子占领时，吸附呈饱和状态，土壤溶液中阿特拉津的浓度趋于平衡，吸附速率降为零。因此，阿特拉津的土壤吸附过程可在较短的时间内完成，并且包括快、慢两种扩散形式。

吸附试验后，离心，弃去上清液后加入 10 ml 含 0.01 mol/L $CaCl_2$ 溶液和含 0.01 mol/L NaN_3 的溶液继续振荡。每隔 0 min、120 min、300 min、1140 min、1440 min、

2880 min 分别取样离心、过滤后测定其中阿特拉津的浓度，结果如图 4-1（b）所示。阿特拉津在三种土壤上的解吸过程较为缓慢，在反应 5 h 后基本达到解吸平衡，为了使解吸过程充分达到平衡，并与吸附反应时间保持一致，在后面的吸附解吸试验中将平衡时间统一设定为 24 h。

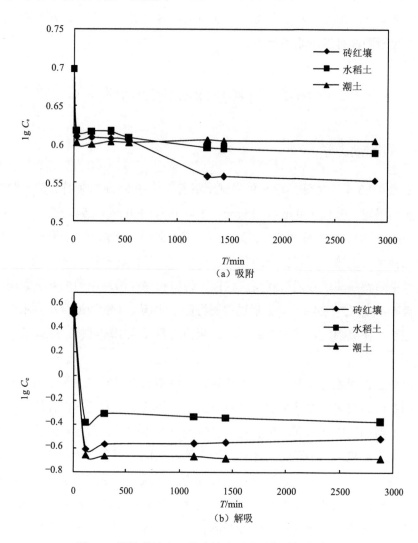

图 4-1　阿特拉津在三种土壤中吸附平衡时间曲线

4.4.2　吸附动力学模型分析

为了探讨阿特拉津在土壤中的吸附机理，描述其在土壤中的吸附规律。本书采用数学模型对吸附数据进行拟合分析，其方程同 3.3.1 节中的方程。

采用数学模型对阿特拉津在我国三种农业土壤中的吸附数据进行拟合分析，计算结果见表 4-2。由吸附动力学方程拟合的相关系数（r）可知，伪二级动力学模型可较好地描述三种土壤吸附阿特拉津的动力学过程，并且相关系数达极显著水平（$p<0.01$），Elovich 模型和颗粒内扩散方程对三种土壤吸附阿特拉津的动力学过程拟合效果较差。伪二级动力学模型能够较为准确地反映阿特拉津在砖红壤、水稻土和潮土上的吸附。Elovich 模型主要适用于描述较为复杂的吸附动力学过程，因此这也说明阿特拉津在三种土壤上的吸附是一个复杂的过程。此外，阿特拉津在水稻土和潮土上的吸附平衡速率常数（k_2）出现负值，这可能与阿特拉津在水稻土和潮土上的吸附能力较弱有关，因此还有待进一步研究。

表 4-2　阿特拉津在土壤中的吸附动力学参数

土壤类型	伪二级动力学模型			Elovich 模型			颗粒内扩散模型		
	$q_e/$ (mg·g)	$k_2/$ [g/(mg·min)]	r	a	b	r	$k_p/$ [g/(g·min$^{1/2}$)]	c	r
砖红壤	0.009 0	0.395	0.983 9	1.635	773.7	0.821 0	9.938	−31.48	0.956 0
水稻土	0.007 4	0.453	0.960 2	2.042	827.7	0.661 8	11.470	−30.43	0.831 9
潮土	0.004 8	77.900	0.999 0	28.430	−4 555.0	0.571 8	−49.510	268.70	0.563 9

4.5　阿特拉津在土壤中的吸附解吸特性

4.5.1　不同方程对吸附的描述

阿特拉津在水相和固相吸附质中的交换吸附在振荡过程中逐渐趋于平衡。等温吸附模型（方程）是定量分析有机污染物从液相迁移到固相（土壤）的重要方法。一般来说，土壤对有机污染物的吸附等温线可用以下三种模型来拟合，本书亦采取不同的吸附等温线模型来阐述阿特拉津在土壤中的吸附解吸特征。

第一种模型为 Freundlich 模型，其方程式为

$$\lg C_s = \lg K_f + 1/n \lg C_e \tag{4-2}$$

第二种模型为 Langmuir 模型，其方程式为

$$1/q_e = 1/Q_m + 1/(K_L Q_m C_e) \tag{4-3}$$

第三种模型为 Nerst 线性模型，其方程式为

$$\lg K_d = \lg(C_s / C_e) \tag{4-4}$$

式（4-4）中，线性吸附系数 K_d 为线性吸附模型（Nerst 模型）的吸附参数。需指出的是，线性吸附模型的应用有一定的缺陷，因为该模型将土壤等固相介质作为均相，很明显，这与土壤腐殖酸的实际情况相悖。故在以下讨论中并不多提线性模型的应用[216]。

阿特拉津在三种土壤中的吸附解吸等温线见图 4-2。

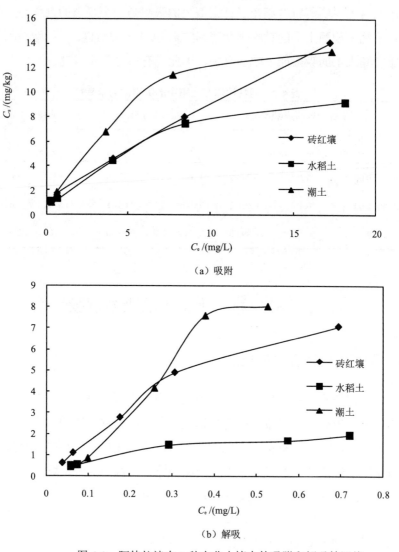

（a）吸附

（b）解吸

图 4-2　阿特拉津在 3 种农业土壤中的吸附和解吸等温线

由图 4-2 可知，由于砖红壤、水稻土和潮土这三种土壤间理化性质的差异，砖红壤、水稻土和潮土对同种阿特拉津的吸附能力亦存在明显差异。

据相关文献报道，阿特拉津在胡敏酸、腐殖酸和纳米黏土矿物上的吸附过程能够采用 Freundlich 模型进行较好的拟合[217,218]。本书采用 SAS6.12 统计软件拟合的砖红壤、水稻土和潮土对阿特拉津吸附的结果和相关参数见表 4-3。根据三种等温吸附模型拟合计算的相关系数(r)可知，Freundlich 模型和 Langmuir 模型对阿特拉津在砖红壤、水稻土和潮土中的吸附数据拟合效果均较好，且 Freundlich 模型的拟合效果（$r=0.9915$，$p<0.01$）略优于 Langmuir 模型（$r=0.9715$，$p<0.01$），Freundlich 模型和 Langmuir 模型的吸附拟合曲线见图 4-3。但 Nerst 模型对阿特拉津在三种土壤上吸附行为的拟合效果较差，平均 r 值为 0.8911（$p<0.05$），其中对阿特拉津在潮土上的吸附数据的拟合效果最差。

表 4-3　阿特拉津在三种农业土壤中的吸附拟合参数

土壤类型	Freundlich 模型			Langmuir 模型			Nerst 模型	
	$\lg K_f$	$1/n$	r	K_L	$Q_m/(mg/kg)$	r	$\lg K_d$	r
砖红壤	0.322 8	0.636 6	0.996 8	0.368 7	9.506	0.994 7	−0.067 5	0.982 3
水稻土	0.268 4	0.580 8	0.987 8	0.693 9	5.577	0.920 7	−0.227 4	0.864 6
潮土	0.385 6	0.675 5	0.989 7	0.213 9	15.900	0.999 2	−0.034 8	0.826 4
平均	—	—	0.991 5	—	—	0.971 5	—	0.891 1

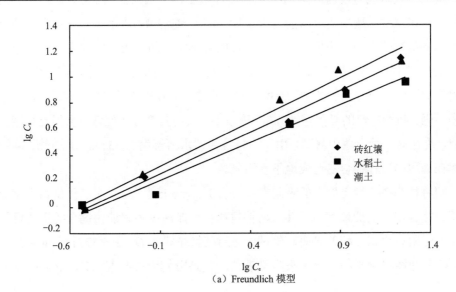

（a）Freundlich 模型

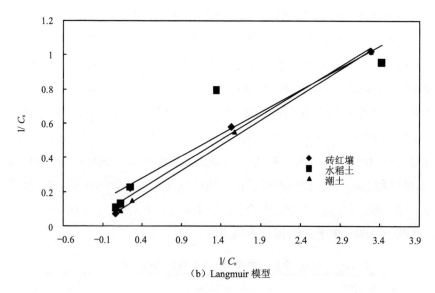

（b）Langmuir 模型

图 4-3　农业土壤中阿特拉津的吸附拟合曲线

　　综上可知，Freundlich 模型和 Langmuir 模型均适合用来拟合阿特拉津在三种农业土壤中的等温吸附数据。Freundlich 模型中的拟合参数 K_f 和 N 分别代表了砖红壤、水稻土和潮土对阿特拉津的吸附容量及吸附强度，是许多描述有机物在环境中转移和归宿模型不可缺少的重要参数。其拟合计算结果表明，阿特拉津在三种土壤上的吸附能力较弱，其 K_f 分别为砖红壤 2.103、水稻土 1.855、潮土 2.430。阿特拉津在三种土壤中的吸附能力大小为：潮土>砖红壤>水稻土。《化学农药环境安全评价试验准则》中根据吸附常数值的大小将农药在土壤中的吸附性划分为5 个等级。阿特拉津在三种土壤上的吸附常数（K_f）均小于 5，属于难吸附等级。吸附常数（K_f）反映了土壤对阿特拉津的吸附能力，吸附常数（K_f）值越大，吸附能力越强。阿特拉津的吸附常数（K_f）值较小，表明其难被砖红壤、水稻土和潮土吸附，易在这三种土壤中移动。由于阿特拉津的水溶解度为 33 mg/L，K_f<5，阿特拉津在施用的过程中容易造成地下水污染。

　　阿特拉津在三种土壤上的吸附亦均符合 Langmuir 模型，表明三种供试土壤对阿特拉津存在一定的亲和力，并且阿特拉津很可能通过多官能团键合的形式以平面角度吸附在供试土壤的表面。供试土壤对阿特拉津的 Q_m 在 5.577 mg/kg 以上。其中阿特拉津在潮土中的最大吸附量最高，Q_m 值分别为砖红壤 9.506 mg/kg、水稻土 5.577 mg/kg 和潮土 15.90 mg/kg。阿特拉津在三种供试土壤上的最大吸附量（Q_m）亦存在差异，变异系数为 50.5%（表 4-3），与 K_f 值变化趋势并不一致，这亦进一步说明这三种不同的土壤可能在吸附机理上存在较大的差异且受多种不同因素的综合影响。

由表 4-3 可知，阿特拉津在供试土壤中的吸附强度介于 0.5808～0.6755，均小于 1，表明阿特拉津在土壤中的吸附为非线性吸附，是土壤多种组分共同作用的结果。疏水性有机物在土壤中非线性吸附行为主要是由土壤有机质的非均质性引起的[219]。阿特拉津在三种供试土壤中的吸附强度有很大的差异性，其中阿特拉津在水稻土上的吸附非线性最强。根据 $1/n$ 值与等温吸附线的形状关系可知[220,221]，阿特拉津在三种土壤中的吸附强度 $1/n<1$，属 L 型等温吸附线，表明阿特拉津在较低浓度下与土壤具有较强的亲和力，但随着浓度的升高，其亲和力下降。

4.5.2　等温解吸特征

阿特拉津在砖红壤、水稻土和潮土中的解吸过程基本相似，具有非线性特征，Freundlich 模型和 Langmuir 模型均能较好地拟合阿特拉津在土壤中的等温解吸数据（图 4-4）。

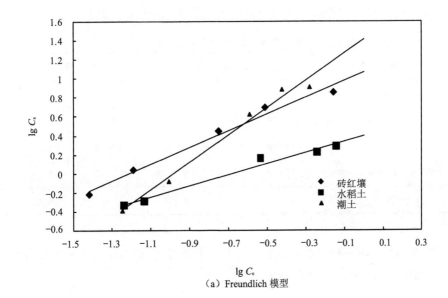

（a）Freundlich 模型

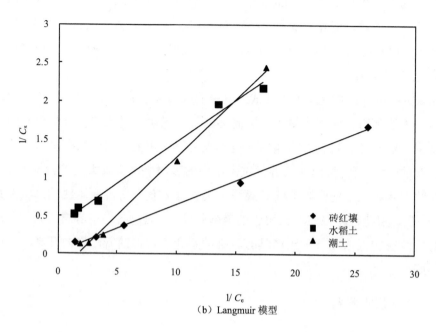

（b）Langmuir 模型

图 4-4　三种农业土壤中阿特拉津的解吸拟合曲线

对阿特拉津在三种土壤中的解吸数据进行模型拟合（表 4-4），结果表明，Freundlich 模型和 Langmuir 模型能够较好地拟合阿特拉津在三种供试土壤中的吸附过程，并且对三种土壤的拟合相关系数均达极显著水平（$p<0.01$）。

表 4-4　阿特拉津在土壤中的解吸拟合参数

土壤类型	Freundlich 模型			Langmuir 模型			Nerst 模型	
	$\lg K_{des}$	$1/n$	r	K_L	$Q_m/(mg/kg)$	r	$\lg K_d$	r
砖红壤	1.064 0	0.877 6	0.990 9	0.213 4	74.630	0.998 5	1.057 0	0.942 4
水稻土	0.393 2	0.586 1	0.987 6	3.431 0	2.672	0.995 4	0.478 3	0.837 3
潮土	1.409 0	1.444 0	0.992 0	1.760 0	-3.727	0.997 2	1.220 0	0.969 0
平均	—	—	0.990 1	—	—	0.997 0	—	0.916 2

以砖红壤为例，阿特拉津在砖红壤中的吸附解吸等温线见图 4-5。两条曲线均表现出较好的线性拟合关系（图 4-5）。

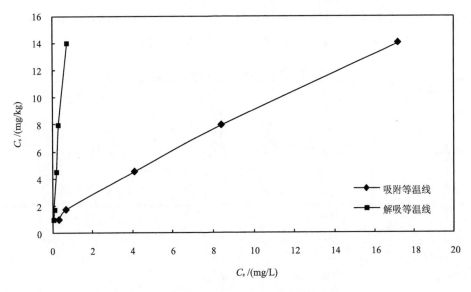

图 4-5　阿特拉津在砖红壤上的吸附解吸等温线

从图 4-5 中可以看出，阿特拉津在砖红壤中的解吸过程存在明显的滞后现象。其他两种土壤亦出现类似的现象（图略）。滞后性将影响阿特拉津在土壤中的移动性及其生物有效性。滞后性越弱，阿特拉津在固相介质中解吸释放越容易。

Huang 等[222]定义了滞后系数 HI：

$$HI = \frac{q_e^{D} - q_e^{S}}{q_e^{S}} \tag{4-5}$$

式中，q_e^{D} 和 q_e^{S} 指在一定温度和浓度下，化合物在土壤中解吸和吸附时的浓度。

在 25 ℃温度条件下，分别计算了阿特拉津在不同平衡浓度下，在三种供试土壤中的滞后系数（HI）及平均滞后系数（HI_a）。由表 4-5 可知，随着起始溶液中阿特拉津浓度的逐渐增加，其在三种供试土壤中的滞后效应更加明显，HI 逐渐增加。根据平均滞后系数可知，阿特拉津在三种供试土壤上的滞后效应大小为：砖红壤（HI=2.235）>潮土（HI=1.006）>水稻土（HI=0.317）。由单因素方差分析可知，阿特拉津在三种供试土壤中的解吸滞后效应之间存在显著关系（$p<0.05$）。这表明不同土壤理化性质的差异会影响阿特拉津的吸附解吸滞后效应。颗粒物性质和组分间的差异，如有机质等的组成不同均可能导致解吸滞后现象的明显差异[223]。土壤有机质和黏粒等对有机污染物能够产生强烈的吸附作用，从而导致有机污染物被吸附到土壤黏粒的层间结构中，而吸附到层间结构中的有机污染物不能被土壤黏粒释放，因而形成了吸附解吸滞后现象[216,224]。结果表明，阿特拉津在土

壤中具有解吸滞后效应，这种解吸滞后效应可能会导致阿特拉津在土壤中的短暂积累，从而对土壤环境造成污染，存在潜在生态环境风险。

表 4-5　阿特拉津在土壤中的 HI 值

土壤类型	解吸浓度/（μg/L）	HI	HI_a
砖红壤	60	1.795	
	80	1.996	
	100	2.162	2.235a
	150	2.486	
	200	2.736	
水稻土	60	0.313	
	80	0.315	
	100	0.317	0.317c
	150	0.320	
	200	0.322	
潮土	60	0.212	
	80	0.512	
	100	0.795	1.006b
	150	1.451	
	200	2.058	

注：表中同列中的字母表示的是采用 Duncan 法比较差异达 5%显著水平。

4.5.3　土壤性质对阿特拉津吸附的影响

阿特拉津在土壤上的吸附强度是土壤本身的有机质量、CEC、比表面积等性质综合作用的结果。阿特拉津在三种土壤上的 K_f 值的差异表明土壤的理化性质可能影响阿特拉津的吸附行为。本章采用 K_f 值与土壤相关性质进行相关性分析，旨在研究影响农药吸附行为的主导因素。

1）土壤 pH

农药的 pK_a 和土壤环境体系的 pH 共同决定了农药的解离和分子化程度。阿特拉津在水中的溶解度大小与 pH 呈负相关性，水相溶液的 pH 越高，阿特拉津在土壤中的吸附量越少，主要是因为溶液 pH 的改变强烈影响溶解腐殖质的构型。阿特拉津的 pK_a 为 1.67，当土壤溶液的 pH 接近 1.67 时，50%的阿特拉津在土壤中溶液中以分子态存在，50%是阳离子态，阿特拉津的吸附机理主要以进行分子态和质子化羧基团为主，pH 增加，阳离子态减少，质子化作用减弱，因而阿特拉津的吸附量也会减少[225]。两种热带酸性土壤相比，砖红壤的 pH 低于水稻土的，前者的 K_f 值高于后者。但中性潮土的 K_f 值高于两种热带土壤，表明阿特拉津在土壤中的吸附行为受多因素的综合作用。此外，在土壤的 pH 范围内，阿特拉津通常以分子态存在，质子化作用相对较弱[226]。

　　前面的分析表明，土壤 pH 是影响阿特拉津在土壤中吸附的重要因素。从图 4-6 可知，土壤中阿特拉津的吸附量随着溶液 pH 的增大而减少，解吸率随着溶液 pH 的增大而增大，这与 Abate 等的研究结果一致[227]。当 pH 趋近于 pK_a 时，农药的吸附能力最大。pH 的增大可能促使土壤有机质表面的羧基、羟基等官能团水解，进而减少阿特拉津的吸附位点。碱性条件下会促进土壤有机质的溶出，土壤中的固态有机质减少，进而减少了土壤对阿特拉津的吸附量。此外，pH 的增大可使羧基团失质子、氢键断裂，有机质聚合物变为呈展开状态的阴离子，其亲水性增大，因而阿特拉津的吸附量减少。相对而言，pH 变化对在潮土中的吸附行为影响较小，这可能与潮土的理化性质有关。

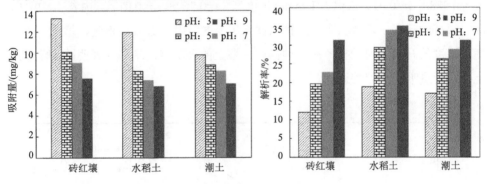

图 4-6　pH 对土壤中阿特拉津的吸附行为影响

2）土壤有机质

　　土壤有机质是阿特拉津吸附的主要支配作用，有机质含量越高越有利于农药的吸附[228]，原因是土壤有机质分子大部分附在土壤颗粒表面，有机质中含有吸附活性官能团（羧基、酚羟基、羰基等）可增加疏水性吸附位点。司友斌等研究表明，农药分子可与有机质形成 H 键[229]。另外，亦存在其他作用的吸附机理，如共价键、离子键、配位键和电荷偶极-偶极键等。阿特拉津在土壤上吸附常数 K_f 的大小随有机质含量变化的规律不强，但有机质偏高的潮土所对应的 K_f 值大于其他两种热带土壤，表明土壤的有机质量是影响农药吸附的重要因素。有机质中对吸附起主要作用的是固态有机质，溶解性有机质影响较弱[230]。阿特拉津是一种极性高的弱碱性化合物，易与土壤中的腐殖酸形成共聚物。杨炜春等采用红外光谱和顺磁共振谱研究了阿特拉津在腐殖酸中的吸附机理，结果表明阿特拉津可能与腐殖酸上的酚、醇、酸羟基发生氢键和范德华力，可能还存在质子转移[231]。

4.6　阿特拉津在土壤上吸附热力学研究

本书分别考察了不同温度下（288 K、298 K 和 308 K）阿特拉津的三种等温吸附状况。三种不同温度下土壤中阿特拉津的吸附等温线见图 4-7。同时对三种温度下阿特拉津在砖红壤、水稻土和潮土中的吸附数据采用 Freundlich 模型和 Langmuir 模型进行线性拟合，计算结果见表 4-6。

由表 4-6 可知，Freundlich 模型和 Langmuir 模型均能较好地拟合三种温度下阿特拉津在砖红壤、水稻土和潮土中的吸附过程，且 Freundlich 模型的拟合效果（$r=0.9888$，$p<0.01$）略优于 Langmuir 模型（$r=0.9628$，$p<0.01$）。由表 4-6 可知，随着温度的升高，阿特拉津在三种供试土壤上的吸附常数 $\lg K_f$ 值逐渐增大，说明随着温度的升高，阿特拉津在三种供试土壤上的吸附容量增加，表明随着温度的上升可促进吸附反应的进行。

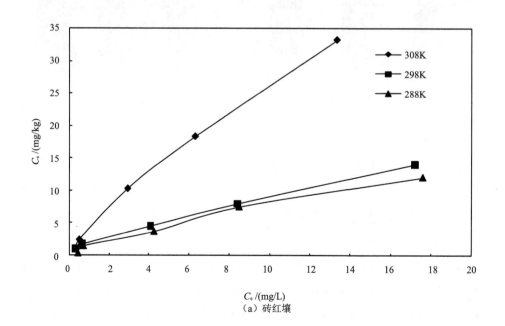

（a）砖红壤

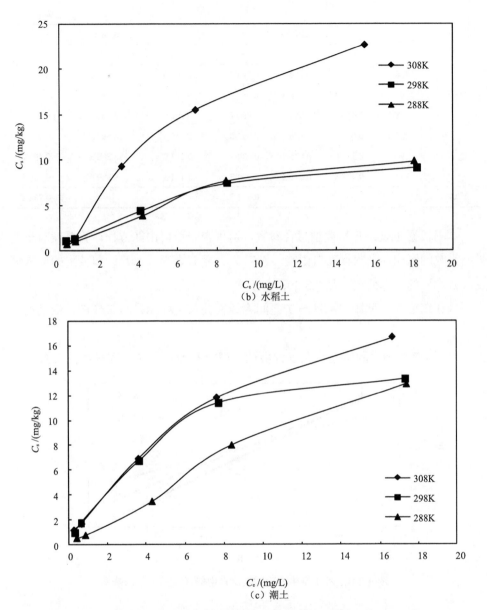

图 4-7 不同温度下土壤中阿特拉津的吸附等温线

表 4-6 不同温度下土壤中阿特拉津的吸附模型参数

土壤类型	温度/K	Freundlich 模型			Langmuir 模型		
		$\lg K_f$	$1/n$	r	K_L	Q_m/(mg/kg)	r
砖红壤	288	0.061 9	0.846 6	0.967 2	−0.077 9	−12.224 9	0.927 1
	298	0.322 8	0.636 6	0.996 8	0.368 7	9.505 7	0.994 7
	308	0.561 8	0.880 3	0.994 4	−0.032 8	−111.607 1	0.985 1

续表

土壤类型	温度/K	Freundlich 模型			Langmuir 模型		
		lgK_f	1/n	r	K_L	Q_m/(mg/kg)	r
水稻土	288	0.150 8	0.708 2	0.993 4	0.309 3	6.963 8	0.971 7
	298	0.268 4	0.580 8	0.987 8	0.693 9	5.577 2	0.920 7
	308	0.413 6	0.859 4	0.980 2	0.291 0	12.180 3	0.931 1
潮土	288	0.022 5	0.886 3	0.995 0	0.155 3	8.598 5	0.976 7
	298	0.385 6	0.675 5	0.989 7	0.213 9	15.898 3	0.999 2
	308	0.437 8	0.671 2	0.994 2	0.494 3	9.980 0	0.959 1
平均		—		0.988 8	—	—	0.962 8

本书根据 Freundlich 模型拟合参数，运用吉布斯自由能方程计算温度对平衡吸附系数的影响。吸附标准自由能（ΔG^θ）、标准焓变（ΔH^θ）和吸附的标准熵变（ΔS^θ）的计算公式参见 3.3.3 节。

从计算公式中可知，ΔG^θ 与 T 之间为线性关系。对 ΔG^θ 与 T 作图，结果见图4-8。

由图 4-8 可知，阿特拉津在三种供试土壤中的 ΔG^θ 与 T 之间呈线性关系。

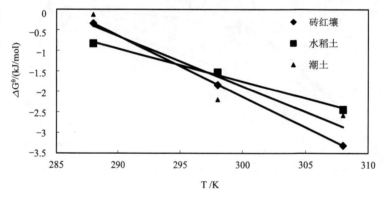

图 4-8　三种土壤中温度对吸附自由能（ΔG^θ）的影响

根据上述公式计算得到的热力学参数见表 4-7。由表 4-7 可知，所有温度条件下的吸附反应的标准自由能 $\Delta G^\theta < 0$，$\Delta H^\theta > 0$，这表明阿特拉津在三种供试土壤中的吸附是自发进行的且属于吸热反应。升高温度有利于吸附反映的进行。ΔG^θ 值的大小反映吸附过程中推动力的强弱，ΔG^θ 的绝对值越大，表明阿特拉津吸附过程的推动力越大，三种供试土壤对阿特拉津的吸附作用越强。不同温度条件下的 ΔG^θ 绝对值的大小顺序为：$\left|\Delta G^\theta_{308K}\right| > \left|\Delta G^\theta_{298K}\right| > \left|\Delta G^\theta_{288K}\right|$，说明随着温

度的升高，阿特拉津与三种供试土壤之间的吸附作用力增强。

表 4-7 三种土壤吸附阿特拉津的热力学参数

土壤	$\Delta G^{\theta}/(KJ/mol)$			$\Delta H^{\theta}/(KJ/mol)$	$\Delta S^{\theta}/(KJ/mol\cdot K)$
	288K	298K	308K		
砖红壤	−0.341 3	−1.842	−3.312	42.44	0.148 6
水稻土	−0.831 4	−1.531	−2.439	22.35	0.080 4
潮土	−0.124 0	−2.200	−2.581	34.98	0.122 9

在第 3 章已经提及，吸附焓变反映了吸附质与吸附剂间作用力的性质，是吸附质与吸附剂之间多种作用力综合作用的结果，不同作用力对吸附焓变的贡献值不同。前文研究结果表明，阿特拉津在三种供试土壤中的吸附行为存在明显的差异。此外，有机污染物在固-液界面上发生的吸附过程一般来说表现为多种吸附作用力的共同作用所致[232,233]。因此推测阿特拉津在三种供试土壤中的吸附过程存在不同作用力的影响。

结合 von Oepen B 等的研究结论，由表 4-7 可知，阿特拉津在三种供试土壤中的吸附焓变（ΔH^{θ}）存在明显差异，阿特拉津在砖红壤上(42.44kJ/mol) 的机理可能是氢键和离子交换作用；在水稻土上(22.35 kJ/mol)的吸附的机理可能是氢键和偶极间力作用；在潮土上(34.98 kJ/mol)的吸附的机理可能是只有氢键作用。

标准熵变（ΔS^{θ}）是土壤吸附和阿特拉津解吸的共同作用的结果：这一方面主要是阿特拉津从水相进入供试土壤的表面或者层间，阿特拉津运动自由度降低，标准吸附熵变（ΔS^{θ}）减小；此外，随着温度的升高，阿特拉津的溶解度增加，导致更多的分子态或者离子态的阿特拉津在溶液中做无规则的运动，使得标准吸附熵变（ΔS^{θ}）增大。标准吸附熵变（ΔS^{θ}）的增大是促使阿特拉津在三种供试土壤表面或者层间吸附的推动力。当阿特拉津的初始浓度较低时，阿特拉津主要通过离子交换作用被供试土壤吸附。$\Delta S^{\theta} > 0$，这主要是在阿特拉津的吸附过程中，溶液中未被土壤吸附的阿特拉津的熵变（ΔS^{θ}）的增加大于被土壤吸附的阿特拉津的熵变（ΔS^{θ}）的减小值，因此标准吸附熵变（ΔS^{θ}）为正值。

4.7 机 理 探 讨

污染物进入土壤后，其本身性质和分子结构都会对吸附的程度造成影响。

Chiou 等对 15 种非离子型的农药的研究结果[54]表明，有机质含量对非离子型农药的吸附起主要作用，但矿物组分含量的影响不大；而离子型农药则相反。Bailey 等研究表明，农药的化学特性、分子结构，酸碱度（pK_a 或 pK_b），水溶解性等理化特性均能影响农药在土壤中的吸附特征[234]。

根据土壤吸附自由能的变化，可得出阿特拉津在三种供试土壤中的吸附机理。Carter 等研究表明，吸附自由能在大于 40 kJ/mol 时，吸附是化学吸附，以分配作用为主；小于 40 kJ/mol 时则为物理吸附，以表面吸附为主[235]。

由表 4-7 表明，阿拉特津在土壤中的吸附自由能在−2.200～−1.842 kJ/mol 范围内，其数值均小于 40 kJ/mol，表明阿特拉津在三种供试土壤中的吸附行为以表面吸附为主。

此外，Zhu[236]和田秀慧[237]等曾定量描述了有机污染物在土壤/沉积物上分配作用和表面吸附对吸附行为的贡献情况。为探讨阿特拉津在三种供试土壤中的吸附机理，将三种供试土壤对阿特拉津的吸附量采用式（4-6）～式（4-8）表示，研究其吸附过程中是表面吸附占主导还是分配作用占主导。

$$Q_T = Q_P + Q_A \tag{4-6}$$

$$Q_P = K_{oc} f_{oc} C_e \tag{4-7}$$

$$Q_A = K C_e^n - K_{oc} f_{oc} C_e \tag{4-8}$$

式中，Q_T 为阿特拉津的总吸附量（mg/kg）；Q_P 为吸附过程中因分配作用产生的阿特拉津吸附量（mg/kg）；Q_A 为吸附过程中因表面吸附作用产生的阿特拉津吸附量（mg/kg）；K_{oc} 是根据公式 $K_{oc} = K_d / f_{oc}$ 对 K_d 值进行有机碳标准化处理后的分配系数（L/kg）；f_{oc} 为供试土壤中有机碳的含量。

根据上述公式对吸附数据进行计算即可得到三种供试土壤对阿特拉津吸附过程中分配作用和表面吸附作用的浓度方程，见表 4-8。根据表 4-8 中计算公式，可得出 Q_T、Q_P、Q_A 随平衡溶液浓度 C_e 的变化曲线，阿特拉津在三种供试土壤中的 Q_T、Q_P、Q_A 值随平衡溶液浓度 C_e 的变化曲线图见图 4-9。

表 4-8　分配作用和表面吸附作用对供试土壤吸附阿特拉津的贡献

土壤类型	分配作用	表面吸附作用
砖红壤	$Q_P = 0.8561\,C_e$	$Q_A = 2.103\,C_e^{0.6366} - 0.8561\,C_e$
水稻土	$Q_P = 0.5924\,C_e$	$Q_A = 1.855\,C_e^{0.5808} - 0.5924\,C_e$
潮土	$Q_P = 0.9231\,C_e$	$Q_A = 2.430\,C_e^{0.6755} - 0.9231\,C_e$

由图 4-9 可见，三种供试土壤对阿特拉津的吸附包括表面吸附和分配作用两个

过程，但它们对三种供试土壤吸附阿特拉津的贡献大小存在明显差异，在平衡溶液浓度较低时，三种供试土壤对阿特拉津的吸附以表面吸附为主，随着平衡溶液浓度的增加，表面吸附达到饱和，此后三种供试土壤对阿特拉津的吸附以分配作用为主。

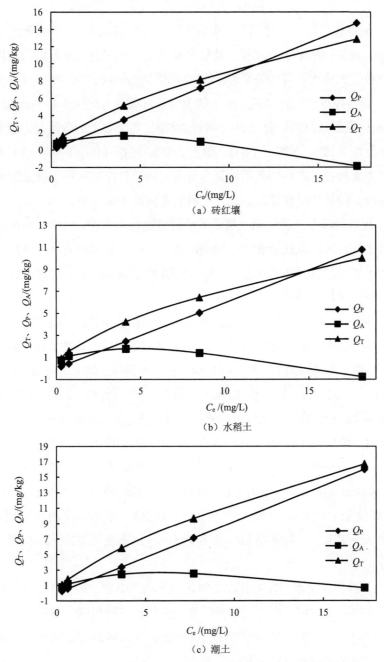

图 4-9　分配作用和表面吸附作用对土壤吸附阿特拉津的贡献

4.8 小 结

（1）阿特拉津在三种供试土壤中的吸附动力学试验表明，其吸附过程是一个先快后慢，最后达到平衡的过程。其吸附量和反应时间的关系可用伪二级动力学模型进行较好的描述，且相关系数达极显著水平（$p<0.01$）。

（2）阿特拉津在三种供试土壤上的吸附和解吸行为均能采用 Freundlich 模型和 Langmuir 模型较好地进行拟合，阿特拉津在三种土壤上的吸附能力较弱，其 K_f 分别为砖红壤 2.103、水稻土 1.855、潮土 2.430。根据《化学农药环境安全评价试验准则》中农药在土壤中的吸附性划分等级。阿特拉津在三种土壤上的吸附属于难吸附等级。阿特拉津在施用的过程中容易造成地下水污染。

（3）阿特拉津在三种供试土壤上的吸附等温线呈 L 型。阿特拉津在较低浓度下与三种土壤具有较强的亲和力，随着浓度的升高，其亲和力逐渐降低。阿特拉津在三种土壤上的吸附常数（$\lg K_f$）和吸附强度（$1/n$）有很大的差异性，这与三种供试土壤理化性质差异有关。

（4）阿特拉津在三种供试土壤中的解吸过程存在明显的滞后效应，随着起始溶液中阿特拉津浓度的逐渐增加，其在三种供试土壤中的滞后效应更加明显，HI 逐渐增加。根据平均滞后系数可知，阿特拉津在三种供试土壤上的滞后效应大小为：砖红壤（$HI=2.235$）>潮土（$HI=1.006$）>水稻土（$HI=0.317$）。由单因素方差分析可知，阿特拉津在三种供试土壤中的解吸滞后效应之间存在显著关系（$p<0.05$）。这表明不同土壤理化性质的差异会影响阿特拉津的吸附解吸滞后效应。

（5）Freundlich 模型和 Langmuir 模型均能较好地拟合三种温度下阿特拉津在砖红壤、水稻土和潮土中的吸附过程，并且 Freundlich 模型的拟合效果（$r=0.9888$，$p<0.01$）略优于 Langmuir 模型（$r=0.9628$，$p<0.01$）。随着温度的升高，阿特拉津在三种供试土壤上的吸附常数 $\lg K_f$ 值逐渐增大，这表明温度的升高有利于吸附反应的进行。

（6）三种供试土壤对阿特拉津的吸附属于物理吸附，其吸附过程包括表面吸附和分配作用两个过程，在平衡溶液浓度较低时，三种供试土壤对阿特拉津的吸附以表面吸附为主，随着平衡溶液浓度的增加，表面吸附达到饱和，此后三种供试土壤对阿特拉津的吸附以分配作用为主。

第5章 生物质炭对阿特拉津在土壤中吸附行为的影响

5.1 引 言

土壤对有机污染物的吸附和解吸作用会影响其生物有效性[238-240]。不能被生物所利用的外源污染物，通常能被土壤强烈吸附，且不能被解吸[241]。生物质炭在自然界广泛存在，并因其特殊的表面结构，对疏水性有机污染物具有极强的吸附能力，因此将生物质炭作为一种土壤原位修复材料，固定污染物并降低其生物有效性，可降低其潜在的生态环境风险。研究生物质炭对有机污染物在土壤环境中吸附解吸行为特征的影响具有重要意义。

本章拟解决的关键问题是针对以上情况，以热带农业废弃物木薯渣为原材料，以 350 ℃、550 ℃和 750 ℃制备的生物质炭作为吸附剂，施入中国典型农业土壤（砖红壤、水稻土、潮土）中。研究施入生物质炭对阿特拉津在典型农业土壤中快（24 h）吸附解吸迟滞行为的影响，目的在于探讨不同温度下制备的生物质炭影响阿特拉津在典型农业土壤中吸附和解吸行为的规律，为评价施入生物质炭的环境效应及保障农产品质量安全提供理论依据。

5.2 材料与方法

5.2.1 供试材料

阿特拉津购自德国 DR. Ehrenstofer 公司（纯度>99.9%）；$CaCl_2$、NaN_3 为分析纯。

供试生物质炭：木薯渣基生物质炭 MS350、MS550 和 MS750。

供试土壤：土壤类型为砖红壤、水稻土和潮土，三种供试土壤的采样地和理化性质同 4.2.1 节。

5.2.2 主要仪器设备

HPLC 仪（Waters Alliance 2695）；人工振荡培养箱（ZDP-150 型，上海精宏

实验设备有限公司）；高速冷冻离心机（Eppendorf, Centrifuge 5804R）；具程序控温功能马弗炉；旋转式摇床（江苏太仓仪器设备厂）。

5.2.3　试验设计与实施

1. 生物质炭土壤的制备

本试验在三种供试土壤（砖红壤、水稻土和潮土）中添加以木薯渣为前驱材料制备的生物质炭制备人工吸附剂。土壤中添加生物质炭浓度（W/W）分别为0.1%、0.5%、1.0%、2.0%和 5.0%。将生物质炭土壤样品置于振荡器上反复振荡7d，保证生物质炭和土壤颗粒充分混匀。

2. 吸附动力学实验

吸附实验前用电解质溶液（调节 pH 约为 7）将阿特拉津储备液稀释成所需浓度。分别称取一定量的生物质炭土壤置于聚乙烯离心管中，加入 5 mg/L 的阿特拉津电解质溶液 10 ml，使用的吸附背景液为 pH=7、$0.01mol/L CaCl_2$、$0.2 g/L NaN_3$的混合溶液。加盖密封，于 25 ℃条件下置于恒温振荡器上，200 r/min 恒温避光振荡培养。其他操作方法同 3.2.3 节。

3. 吸附解吸特征试验

在预试验过程中，分别依次确定适合阿特拉津吸附试验的水土比、起始浓度梯度和吸附平衡时间。

吸附解吸试验同 3.2.3 节，主要参照 OECD guideline 106 中的批量平衡试验方法进行。分别称取一定量的人工制备生物炭土壤。将称取好的生物质炭土壤置于50 ml 聚丙烯塑料离心管中，加入 10 ml 不同浓度阿特拉津的 $CaCl_2$ 溶液进行吸附试验。吸附试验结束后参照 3.2.3 节中试验方法进行解吸试验。

4. 吸附热力学

用 pH 为 7 的电解液配制浓度为 0 mg/L、0.5 mg/L、1 mg/L、5 mg/L、10 mg/L、20 mg/L 的阿特拉津农药标准液。分别称取一定量的生物质炭土壤于 50 ml 离心管中，并分别加入 10 ml 不同浓度的阿特拉津标准液，将上述样品分别置于（15±0.5）℃、（25±0.5）℃、（35±0.5）℃条件下避光振荡，24 h 后取出离心，测定上清液中阿特拉津的含量。具体操作步骤同 3.2.3 节。

5. 阿特拉津的测定

采用 HPLC 法（WATRAS-2695，配 UV-2487 检测器）分析阿特拉津。

色谱条件：色谱柱：Gemini C18 色谱柱(150 mm×4.0 mm ID, 5μm)；流动相：甲醇/水=70/30（体积比），流速：1.0 ml/min；检测波长：220 nm；柱温：35℃；进样量：10 μL。采用外标法进行定量。

5.2.4　数据处理与分析

采用 Freundlich 模型、Langmuir 模型和 Temkin 模型对实验数据进行拟合，具体同第 3 章。

实验数据由 SAS6.12 统计软件和 Microsoft Office Excel 2003 软件进行数据处理、图表制作与统计分析。

5.3　结果与分析

5.3.1　水土比及起始浓度梯度的确定

由于生物质炭对亲水性有机物具有较强的吸附能力，结合已有的相关研究结果和试验仪器测定条件，使阿特拉津在生物质炭土壤上的吸附量为加入量的 30%～80%[97,242]。因此根据土壤中生物质炭的添加量分别设置了不同的水土比。

为了保证试验过程的一致性，生物质炭土壤吸附解吸试验的起始浓度梯度设置与第 3 章的试验起始浓度水平一致，具体见 3.2.3 节。

5.3.2　阿特拉津在生物质炭土壤上的吸附动力学研究

1. 吸附动力学

为考察阿特拉津在生物质炭土壤上的吸附动力学特征，本书以添加生物质炭浓度（W/W）分别为 0.1% 和 5.0% 的生物质炭土壤为代表，按照 5.3.1 节中方法确定的水土比和 5.2.3 节中试验方法进行吸附试验。

取供试生物质炭土壤若干份在 5 mg/L 阿特拉津试验浓度下避光振荡平衡。分别于 0 min、35 min、180 min、360 min、540 min、1290 min、1440 min、2880 min 取样离心、过滤后测定其中阿特拉津的浓度。结果见图 5-1，表明 6 种供试生物质炭土壤对阿特拉津的吸附过程相似。

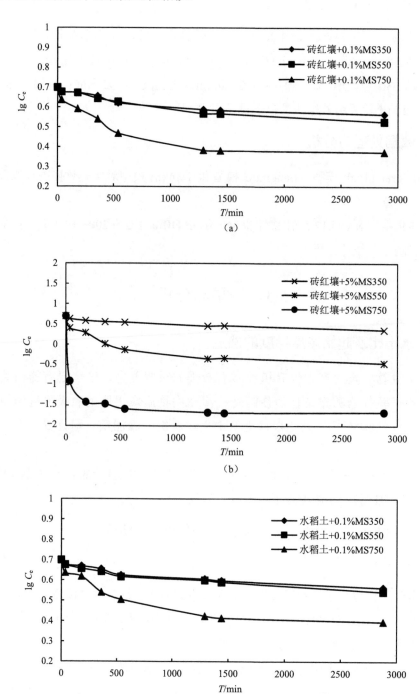

（a）

（b）

（c）

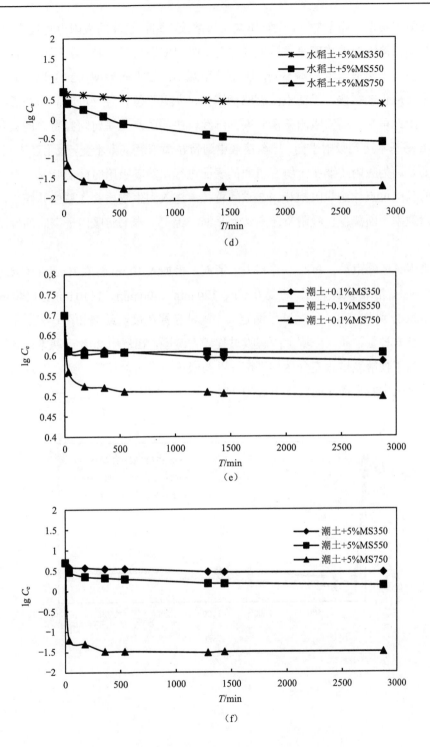

图 5-1　阿特拉津在生物质炭土壤中吸附平衡时间曲线

　　在吸附初期（5 h 以内），生物质炭土壤溶液中阿特拉津的吸附过程反应快速，阿特拉津在溶液中的浓度呈急剧减少之势；吸附中期（5～24 h），吸附过程慢慢趋于平衡，平衡液浓度基本不变，吸附速率减小；在吸附后期（24 h 以后），吸附过程反应仍较缓慢，平衡液浓度略微降低，总吸附量在经一段时间饱和后缓慢增加。由此可知，随着吸附平衡时间的继续，生物质炭土壤对阿拉特津的吸附量在 24 h 后基本达到吸附平衡，平衡溶液中阿特拉津浓度基本不变，吸附速率减小，这主要是因为吸附主要在土壤有机质的表面进行，随着吸附时间的延长，有机质表面的吸附位点达到吸附饱和，导致阿特拉津进入到生物质炭土壤的孔隙中，造成吸附速率不断降低，吸附量逐渐达到平衡。综上，本书将吸附平衡时间确定为 24 h。

　　吸附试验结束后，离心，并弃去上清液，再加入 10 ml 含 0.01mol/L CaCl$_2$ 和 0.2 g/L NaN$_3$ 溶液继续振荡。每隔 0 min、120 min、300 min、1140 min、1440 min、2880 min 分别取样离心、过滤后测定其中阿特拉津浓度，结果如图 5-2 所示。阿特拉津在 6 种生物质炭土壤上的解吸过程较为缓慢，在反应 20 h 后基本达到解吸平衡，为了使解吸过程充分达到平衡，并与吸附反应时间保持一致，在后面的吸附解吸试验中将平衡时间统一设定为 24 h。

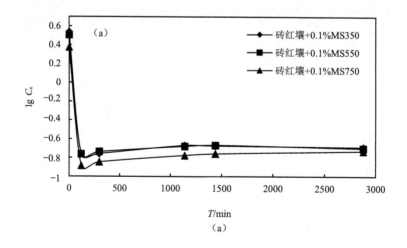

（a）

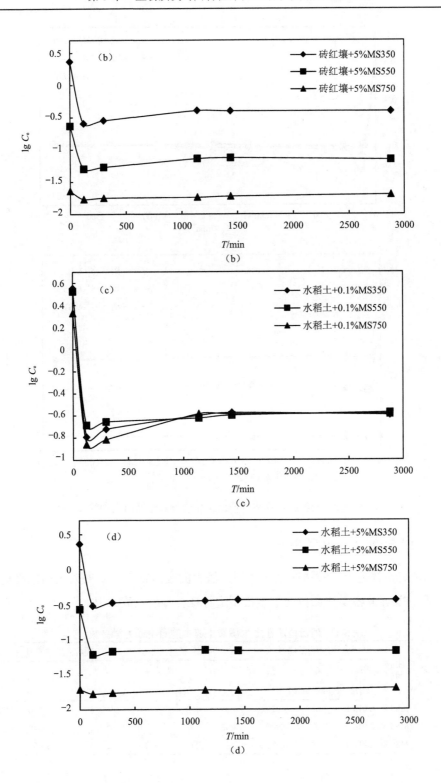

（b）

（c）

（d）

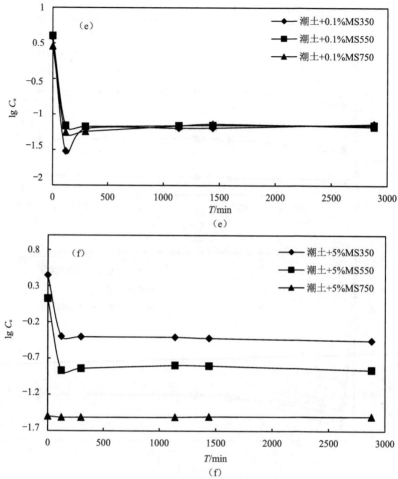

图 5-2　阿特拉津在生物质炭土壤中解吸平衡时间曲线

2. 吸附动力学模型分析

为了定量描述阿特拉津在生物质炭土壤中的吸附特征，本书采用伪二级动力学模型、Elovich 模型和颗粒内扩散模型进行拟合分析（表 5-1）。

表 5-1　阿特拉津在生物质炭土壤中的吸附动力学参数

土壤类型	生物质炭添加量（W/W）	生物质炭	伪二级动力学模型			Elovich 模型			颗粒内扩散模型		
			q_e/ (mg/g)	k_2/ [g/(mg·min)]	r	a	b	r	k_p/ [g/(g·min$^{1/2}$)]	c	r
砖红壤	0.1%	MS350	0.013 1	0.085	0.929 5	4.057	400.3	0.908 8	4.728	1.830	0.973 1
		MS550	0.014 9	0.077	0.960 2	4.025	358.4	0.929 0	4.220	1.540	0.993 0
		MS750	0.019 0	0.244	0.997 5	2.731	277.6	0.970 1	2.924	-9.408	0.926 8

续表

土壤类型	生物质炭添加量（W/W）	生物质炭	伪二级动力学模型			Elovich 模型			颗粒内扩散模型		
			q_e/ (mg/g)	k_2/ [g/(mg·min)]	r	a	b	r	k_p/ [g/(g·min$^{1/2}$)]	c	r
砖红壤	5.0%	MS350	0.028 5	0.104	0.986 9	2.588	215.6	0.965 4	2.448	−13.97	0.994 0
		MS550	0.048 5	0.256	0.999 5	−0.480	169.6	0.971 6	1.712	−40.35	0.889 4
		MS750	0.099 6	15.59	1.000 0	−164.800	1 724.0	0.874 6	14.950	−1 456.00	0.687 7
水稻土	0.1%	MS350	0.010 9	0.143	0.968 5	3.724	487.2	0.931 7	56.890	−1.769	0.986 9
		MS550	0.012 1	0.140	0.960 2	3.617	449.4	0.938 1	5.232	−2.934	0.990 5
		MS750	0.020 8	0.127	0.987 9	3.065	267.9	0.960 7	2.991	−7.904	0.973 7
	5.0%	MS350	0.029 7	0.084	0.989 4	3.117	188.2	0.960 2	2.137	−7.869	0.988 9
		MS550	0.048 5	0.326	0.999 5	−0.518	170.8	0.984 9	1.729	−40.910	0.904 4
		MS750	0.099 7	17.96	1.000 0	−304.800	3 130.0	0.883 7	27.510	−2 706.000	0.704 3
潮土	0.1%	MS350	0.007 9	1.372	0.998 5	−4.325	1 598.0	0.845 0	19.680	−102.400	0.943 4
		MS550	0.006 5	10.27	0.999 5	−10.010	2 560.0	0.371 5	28.290	−151.900	0.371 5
		MS750	0.014 1	0.612	0.992 0	−3.746	864.5	0.885 4	9.699	−84.460	0.901 1
	5.0%	MS350	0.023 2	0.273	0.996 5	0.633	328.7	0.943 9	3.705	−35.610	0.964 9
		MS550	0.037 4	0.327	0.999 0	−2.040	268.7	0.995 5	2.789	−58.420	0.937 0
		MS750	0.099 4	32.96	1.000 0	−510.9	5212.0	0.896 1	47.90	−4275.000	0.747 0

由拟合的相关系数（r）可知，伪二级动力学模型能很好地描述三种土壤吸附阿特拉津的动力学过程，其 r 值在 0.9295～1.0000，达显著性水平（$p<0.05$）；其次是 Elovich 模型，能较好地描述土壤吸附阿特拉津的动力学过程，其 r 值在 0.3715～0.9955；而颗粒内扩散方程对三种供试土壤吸附阿特拉津的动力学过程拟合效果最差，其 r 值在 0.3715～0.9940。伪二级动力学模型能够较准确地反映阿特拉津在砖红壤、水稻土和潮土上的吸附。同时，也说明阿特拉津在生物质炭土壤上的吸附是一个复杂的过程。

5.3.3　生物质炭（MS350）对阿特拉津在土壤中的吸附解吸行为的影响

1. 阿特拉津在生物质炭（MS350）土壤上的等温吸附特征

添加不同含量的生物质炭 MS350 的三种供试土壤对阿特拉津的吸附解吸等温线见图 5-3。从图中可知，添加由木薯渣制备的生物质炭（MS350）提高了三种供试土壤对阿特拉津的吸附量，且随着生物质炭添加量的增加，吸附量逐渐增加。

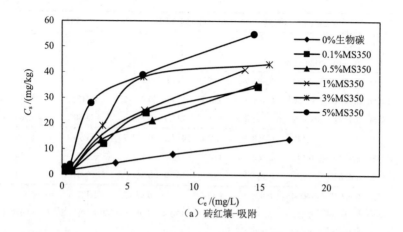

（a）砖红壤-吸附

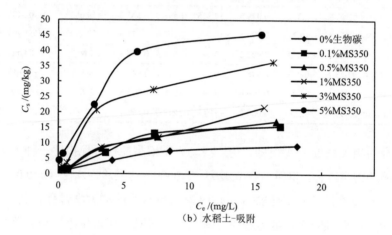

（b）水稻土-吸附

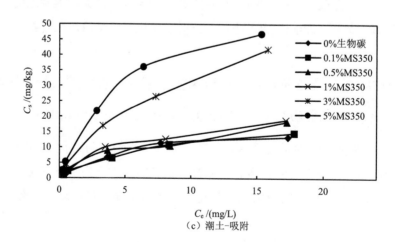

（c）潮土-吸附

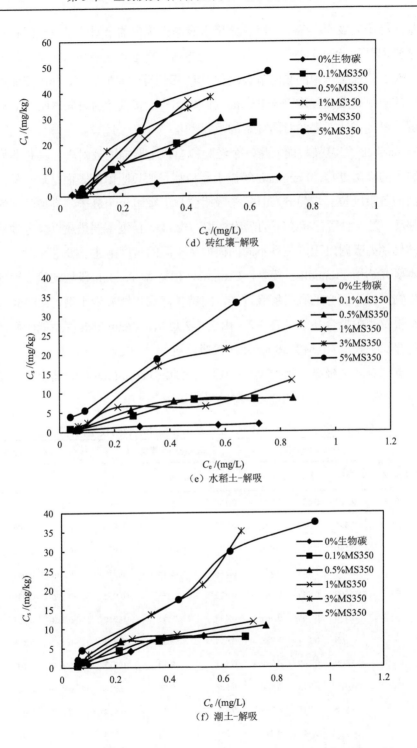

（d）砖红壤–解吸

（e）水稻土–解吸

（f）潮土–解吸

图 5-3　阿特拉津在生物质炭（MS350）土壤上的吸附解吸等温线

　　张燕等研究表明，苄嘧磺隆在施用木炭的土壤中的吸附解吸等温线符合弗伦德利希模型[243]。余向阳等研究表明，弗伦德利希模型和朗格缪尔模型可较好地拟合黑炭对农药在土壤中的吸附解吸过程[244]。田超等的研究表明，异丙隆添加木炭土壤中的吸附解吸过程均符合 Freundlich 模型[245]。祁振等的研究表明，Temkin 模型能够较好地描述石墨烯对四环素的吸附[246]。

　　Freundlich 等温吸附模型是一个经验模型，主要描述吸附质在具有非均一表面材料上的吸附过程；Langmuir 等温吸附模型是假设吸附剂表面是均一的，吸附剂表面的各吸附位呈均匀分布且每个吸附位只能吸附一个分子，且被吸附的分子不能移动，是一种理想状态下的吸附模型；Temkin 模型主要描述以静电吸附作用为主的化学型吸附过程。三种不同的模型从不同的角度阐述了吸附过程。

　　本研究选用 Freundlich 模型、Langmuir 模型和 Temkin 模型定量描述阿特拉津在生物质炭土壤中的吸附解吸过程。阿特拉津在生物质炭土壤（MS350）中的吸附结果及相关拟合参数见表 5-2。由表 5-2 可知，Freundlich 模型能较好地拟合阿特拉津在生物质炭（MS350）土壤中的吸附过程，相关系数 r 值在 0.961～0.998，吸附数据拟合均达极显著相关（$p<0.01$）。因此，Freundlich 模型适合用来拟合阿特拉津在生物质炭土壤（MS350）中的吸附过程。

表 5-2　生物质炭（MS350）土壤对阿特拉津的吸附模型拟合数据

土壤类型	添加生物质炭浓度/%	Freundlich 模型			Langmuir 模型			Temkin 模型		
		$\lg K_f$	$1/n$	r	K_L	$Q_m/(mg/kg)$	r	A	B	r
砖红壤	0	0.323	0.637	0.997	0.369	9.51	0.994	−0.332	0.128	0.959
	0.1	0.491	0.962	0.982	0.199	18.87	0.936	−0.282	0.046	0.956
	0.5	0.546	0.991	0.976	0.237	17.99	0.915	−0.293	0.039	0.955
	1	0.576	1.027	0.980	0.248	18.42	0.910	−0.234	0.031	0.921
	3	0.765	0.847	0.966	0.223	33.56	0.962	−0.396	0.036	0.964
	5	0.926	0.769	0.961	0.438	29.41	0.930	−0.513	0.033	0.965
水稻土	0	0.268	0.581	0.988	0.694	5.58	0.921	−0.492	0.198	0.984
	0.1	0.409	0.699	0.980	0.568	8.30	0.912	−0.441	0.108	0.960
	0.5	0.424	0.713	0.980	0.508	9.09	0.918	−0.460	0.105	0.973
	1	0.476	0.715	0.984	0.600	9.32	0.914	−0.387	0.083	0.934
	3	0.774	0.741	0.975	0.259	31.85	0.974	−0.510	0.048	0.987
	5	1.139	0.473	0.984	3.942	21.14	0.902	−1.005	0.049	0.951

续表

土壤类型	添加生物质炭浓度/%	Freundlich 模型			Langmuir 模型			Temkin 模型		
		$\lg K_f$	$1/n$	r	K_L	$Q_m/(mg/kg)$	r	A	B	r
潮土	0	0.386	0.676	0.990	0.214	15.90	0.999	−0.502	0.131	0.992
	0.1	0.431	0.649	0.993	0.157	22.32	0.998	−0.518	0.127	0.996
	0.5	0.459	0.677	0.966	0.038	83.33	0.954	−0.443	0.102	0.964
	1	0.480	0.705	0.986	0.144	26.74	0.999	−0.472	0.097	0.986
	3	0.814	0.703	0.998	0.237	40.16	0.999	−0.464	0.044	0.963
	5	0.926	0.715	0.988	0.141	79.36	0.999	−0.578	0.039	0.987

Freundlich 模型拟合参数 $\lg K_f$ 和 $1/n$ 分别表示生物质炭土壤（MS350）对阿特拉津的吸附常数和吸附强度，其拟合计算结果表明，阿特拉津能够被添加不同浓度水平生物质炭（MS350）土壤强烈的吸附。添加不同浓度水平生物质炭（MS350）的砖红壤、水稻土和潮土对阿特拉津的吸附量明显增加，其吸附常数（$\lg K_f$）值明显高于未添加生物质炭土壤。且在三种供试土壤中随着生物质炭添加量的增加，阿特拉津的吸附常数（$\lg K_f$）值逐渐增大。

根据 $1/n$ 值与等温吸附线的形状关系可知[220,247]，当 $1/n<1$ 时，吸附等温线为 L 型等温吸附线，吸附呈非线性，表示发生在非均质吸附剂表面和致密有机质上的吸附，溶质分子先占据能量高的点位，然后再依次占据能量较低的点位，当 $1/n>1$ 时，为 S 型等温吸附线。由表 5-2 可知，三种供试土壤在添加不同浓度水平生物质炭（MS350）后，$1/n$ 值均增大，且除添加 1%生物质炭（MS350）的砖红壤外，其他生物质炭土壤的吸附强度（$1/n$）值均小于 1，这表明阿特拉津在生物质炭土壤中的等温吸附线为 L 型。溶质分子之间的引力发生的协同吸附作用是产生 S 型等温吸附线的主要原因[248]。而存在 L 型等温吸附线主要是表明阿特拉津在较低浓度下与生物质炭土壤具有较强的亲和力，但随着不同浓度水平生物质炭（MS350）的添加，阿特拉津与生物质炭土壤的亲和力降低。同时添加不同浓度水平的生物质炭（MS350）的三种供试土壤的吸附强度差异较大，与生物质炭的添加浓度水平无显著相关性（$p>0.05$）。由此可见，生物质炭可较好地改善三种供试农业土壤对阿特拉津的吸附能力，而且还可以改变土壤对阿特拉津的吸附等温线非线性程度。

根据图 5-3 中的测定结果，采用余向阳[244]的计算方法，取平衡浓度为 5 mg/L

时，计算分别添加 0%、0.1%、0.5%、1%、3%、5% 的生物质炭（MS350）后对阿特拉津的单点吸附常数 K_d 值。计算公式如下：

$$K_d = C_s / C_e \tag{5-1}$$

式中，C_s 表示土壤吸附量（mg/kg）；C_e 表示平衡溶液浓度（mg/L）。

根据式（5-1），取平衡浓度为 5 mg/L 时计算的生物质炭土壤对阿特拉津的单点吸附常数 K_d 值见表 5-3。计算结果表明，添加不同浓度水平生物质炭后的砖红壤、水稻土和潮土对阿特拉津的单点吸附常数（K_d）值均增大，添加 0.1%～5% 生物质炭（MS350）的砖红壤对阿特拉津的吸附能力分别是未添加生物质炭土壤的 3.4～11.4 倍；添加 0.1%～5% 生物质炭（MS350）的水稻土对阿特拉津的吸附能力分别是未添加生物质炭土壤的 1.8～7.7 倍；添加 0.1%～5% 生物质炭（MS350）的潮土对阿特拉津的吸附能力分别是未添加生物质炭土壤的 1.1～4.2 倍。这表明在砖红壤、水稻土和潮土中添加生物质炭后三种供试土壤的吸附能力增强。

假设在添加生物质炭后的土壤中，土壤颗粒与生物质炭颗粒对阿特拉津的吸附作用无相互影响，采用余向阳的计算方法，在阿特拉津平衡浓度为 5 mg/L 时，以添加生物质炭后土壤与未添加生物质炭土壤对阿特拉津的吸附量的差值作为生物质炭吸附的阿特拉津量，并以生物质炭吸附的阿特拉津量与生物质炭土壤吸附阿特拉津量的比值作为生物质炭对生物质炭土壤吸附阿特拉津作用的贡献率，分别计算生物质炭（MS350）对 18 种生物质炭土壤吸附阿特拉津的贡献值，计算结果见表 5-3。由表 5-3 可知，在三种供试土壤中，随着生物质炭（MS350）添加浓度的增加，生物质炭对生物质炭土壤吸附阿特拉津的贡献率逐渐增大，这表明随着生物质炭添加量的增加，主导生物质炭土壤吸附特征的主要成分由土壤向生物质炭转移。因此，生物质炭是影响土壤吸附阿特拉津作用大小的关键因素。

表 5-3　添加生物质炭（MS350）土壤对阿特拉津的单点吸附常数 K_d 值及贡献率

土壤类型		添加生物质炭浓度/%					
		0	0.1	0.5	1	3	5
砖红壤	K_d /（L/kg）	1.11	3.78	4.50	5.12	6.12	12.64
	贡献率/%	—	62.4	66.2	68.7	76.1	83.7
水稻土	K_d /（L/kg）	1.06	1.90	2.46	2.61	7.05	8.15
	贡献率/%	—	36.5	47.0	49.0	78.8	80.5
潮土	K_d /（L/kg）	1.85	2.10	2.45	2.89	5.14	7.74
	贡献率/%	—	15.5	24.8	33.1	60.2	69.1

2. 阿特拉津在生物质炭（MS350）土壤上的等温解吸特征

由图 5-3 可知，阿特拉津在添加不同浓度水平生物质炭的三种供试土壤中的解吸过程与吸附过程一样是非线性的。采用 Freundlich 模型、Langmuir 模型和 Temkin 模型定量描述阿特拉津在 18 种添加不同浓度水平生物质炭（MS350）的土壤上的解吸过程，模型计算结果分别见表 5-4。

由表 5-4 可知，Temkin 模型对阿特拉津在生物质炭土壤上吸附过程的拟合效果较好，相关系数（r）值在 0.930～0.997，其次是 Freundlich 模型，其相关系数（r）值在 0.913～0.996。根据图 5-3 可知，阿特拉津在添加不同浓度水平生物质炭的三种供试土壤上的吸附等温线的非线性强于相对平直的解吸等温线，两者之间存在明显差异，这表明添加生物质炭（MS350）后土壤对阿特拉津的解吸过程并非吸附的可逆过程，其吸附解吸过程具有明显的迟滞效应。除潮土外，这种解吸迟滞效应在添加生物质炭后的土壤中明显增强。

表 5-4　生物质炭（MS350）土壤对阿特拉津的解吸模型拟合数据

土壤类型	添加生物质炭浓度/%	Freundlich 模型			Langmuir 模型			Temkin 模型			HI
		$\lg K_f$	$1/n_{des}$	r	K_L	Q_m/(mg/kg)	r	A	B	r	
砖红壤	0	1.064	0.878	0.991	0.213	74.63	0.998	−1.406	0.183	0.990	1.38
	0.1	2.003	1.808	0.954	2.630	−2.83	0.930	−1.147	0.035	0.994	1.88
	0.5	2.303	2.158	0.976	2.793	−2.46	0.969	−1.088	0.026	0.984	2.18
	1	2.646	2.404	0.996	3.157	−2.61	0.988	−1.060	0.018	0.930	2.34
	3	2.206	1.682	0.947	2.456	−7.61	0.961	−1.139	0.022	0.989	1.99
	5	2.114	1.502	0.973	1.909	−14.04	0.963	−1.148	0.021	0.997	1.95
水稻土	0	0.393	0.586	0.987	3.431	2.67	0.995	−1.543	0.736	0.997	1.01
	0.1	1.133	0.948	0.976	2.017	9.28	0.899	−1.335	0.136	0.960	1.36
	0.5	1.212	1.128	0.961	1.175	−7.81	0.991	−1.274	0.126	0.986	1.58
	1	1.214	1.011	0.952	0.090	166.67	0.943	−1.224	0.096	0.931	1.41
	3	1.598	1.184	0.987	0.762	−28.90	0.997	−1.154	0.041	0.991	1.60
	5	1.652	0.796	0.992	2.927	35.59	0.963	−1.324	0.034	0.953	1.68
潮土	0	1.409	1.444	0.992	1.760	−3.73	0.997	−1.163	0.108	0.983	2.14
	0.1	1.275	1.114	0.965	2.018	−4.41	0.970	−1.294	0.126	0.987	1.72
	0.5	1.355	1.208	0.913	2.597	−2.55	0.893	−1.262	0.106	0.986	1.78
	1	1.418	1.346	0.961	1.965	−3.68	0.944	−1.172	0.089	0.993	1.91
	3	1.754	1.330	0.991	1.296	−16.10	0.954	−1.034	0.028	0.938	1.89
	5	1.629	0.991	0.984	0.462	−83.33	0.936	−1.210	0.034	0.965	1.39

　　土壤吸附的阿特拉津被再次释放能增强其在土壤根际微域中的活性，并能够增强阿特拉津在非根际土壤中的迁移能力。为了定量描述阿特拉津在生物质炭土壤中的解吸滞后现象，使研究结果具有一定的可比性，本书仍采用 Cox 等的研究结果[249]，滞后系数（HI）可用式（4-5）表示。

　　根据吸附解吸等温线 Freundlich 模型拟合的吸附常数值计算生物质炭（MS350）土壤对阿特拉津的解吸滞后系数（HI），结果见表 5-4。由表 5-4 可知，在未添加生物质炭的砖红壤、水稻土和潮土中，阿特拉津的解吸迟滞系数（HI）分别为 1.38、1.01、2.14，以在潮土中的解吸滞后系数最高，这表明阿特拉津在三种供试土壤中的吸附解吸过程存在一定的差异，这可能是由三种土壤理化性质差异引起的。在砖红壤和水稻土中添加不同浓度水平的生物质炭后解吸滞后系数随着生物质炭的添加量的增加而逐渐增大，而潮土相反，这可能与潮土的有机质含量较低，其本身的理化性质受弱酸性的生物质炭（MS350）的影响较大有关。阿特拉津在潮土和生物质炭（MS350）间产生竞争吸附，阿特拉津未附着在生物质炭土壤表面的固定位点上，导致阿特拉津容易从添加生物质炭后的潮土中解吸出来。Barriuso 等[250]以滞后系数（HI）为分类依据，当 $HI<0.7$ 时，为正滞后作用；当 $0.7<HI \leqslant 1.0$ 时，无滞后作用，即吸附与解吸等温线重合；当 $HI>1.0$ 时，为负滞后作用。根据此分类依据，阿特拉津在添加不同浓度水平生物质炭（MS350）的三种供试土壤上的滞后作用均为负滞后作用，这表明阿特拉津的解吸速率大于吸附速率，吸附和解吸这两个过程不能在相同时间内达到平衡。

　　土壤有机质对有机化合物的吸附解吸迟滞效应的解释较为合理的是 Pignatell 等[45]提出的"微孔调节效应"理论[84]。该理论认为造成吸附解吸迟滞效应的直接原因是微孔吸附。吸附过程中，由于溶质分子的热力学作用导致土壤有机质的孔洞扩大，产生新的内在吸附表面，因此污染物可能由主动扩散作用而进入到微孔中去，从而使得微孔孔径增大，周围微孔发生形变。解吸过程中，污染物分子脱离其附着的微孔，同时周围微孔恢复到原始状态而释放吸附的污染物分子之间存在滞后效应，导致部分被土壤有机质吸附的分子不能被解吸出来，抑制污染物分子的吸附解吸过程在不同的物理形态下进行，这是产生解吸迟滞效应的主要原因。当三种供试土壤添加微量生物质炭后，由于生物质炭具有多孔的结构，新形成的生物质炭土壤中的微孔数量和体积增加，因而溶液中的阿特拉津分子能够被更多的生物质炭土壤微孔所吸附，从而造成生物质炭土壤的解吸迟滞效应增强。Xing 等的研究表明，当土壤中有机质以腐殖酸为主时，其对疏水性有机物的吸附过程以分配作用为主，吸附解吸过程几乎没有滞后现象；而当土壤有机质以干酪根为主时，其吸附过程以表面吸附为主，存在明显的吸附解吸滞后效应[251]。因此，阿特拉津在添加生物质炭后的潮土上的吸附可能主要是以分配作用为主。造成这一现象的机理较为复杂，其具体机理还有待进一步研究。

5.3.4　生物质炭（MS550）对阿特拉津在土壤中的吸附解吸行为的影响

1. 阿特拉津在生物质炭（MS550）土壤上的等温吸附特征

添加不同含量的生物质炭（MS550）的三种供试土壤对阿特拉津的吸附解吸等温线见图 5-4。从图中可知，添加由木薯渣制备的生物质炭（MS550）提高了三种供试土壤对阿特拉津的吸附量，且随着生物质炭添加量的增加，吸附量逐渐增加。这与添加在 350℃下制备的生物质炭的研究结果一致。

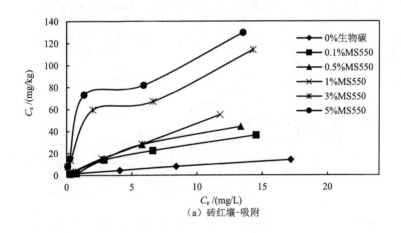

（a）砖红壤-吸附

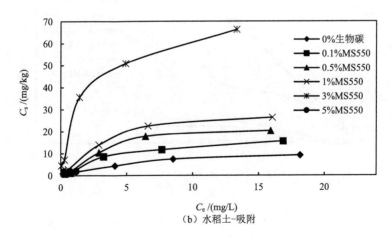

（b）水稻土-吸附

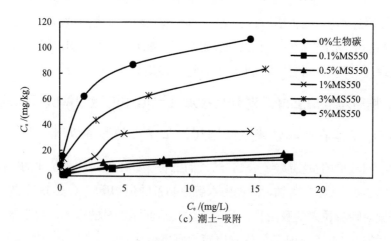

（c）潮土-吸附

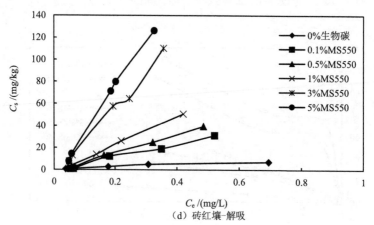

（d）砖红壤-解吸

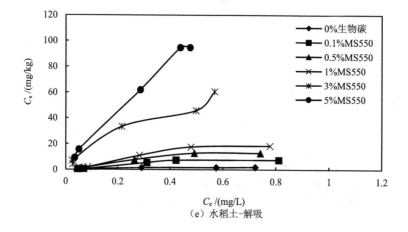

（e）水稻土-解吸

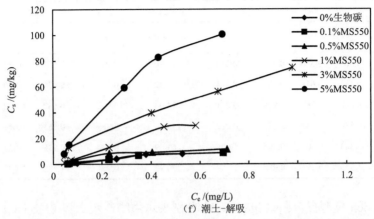

（f）潮土–解吸

图 5-4　阿特拉津在生物质炭（MS550）土壤上的吸附解吸等温线

根据 5.3.4 节中的研究结果，本书选用 Freundlich 模型、Langmuir 模型和 Temkin 模型定量描述阿特拉津在生物质炭土壤中的吸附解吸过程。阿特拉津在生物质炭土壤（MS550）中的吸附结果及相关拟合参数见表 5-5。由表 5-5 可知，Freundlich 模型能较好地拟合阿特拉津在生物质炭（MS550）土壤中的吸附过程，相关系数 r 值在 0.964～0.997，吸附数据拟合均达极显著相关（$p<0.01$）。因此，Freundlich 模型适合用来拟合阿特拉津在生物质炭土壤（MS550）中的吸附过程。

表 5-5　生物质炭（MS550）土壤对阿特拉津的吸附模型拟合数据

土壤类型	添加生物质炭浓度/%	Freundlich 模型			Langmuir 模型			Temkin 模型		
		$\lg K_f$	$1/n$	r	K_L	Q_m/(mg/kg)	r	A	B	r
砖红壤	0	0.323	0.637	0.997	0.369	9.51	0.994	−0.332	0.128	0.959
	0.1	0.531	0.974	0.977	0.166	23.26	0.942	−0.314	0.044	0.967
	0.5	0.752	0.848	0.997	0.097	69.44	0.999	−0.414	0.038	0.954
	1	0.812	0.855	0.997	0.120	70.63	0.996	−0.364	0.030	0.910
	3	1.448	0.549	0.983	1.069	71.43	0.983	−0.865	0.020	0.959
	5	1.551	0.555	0.966	0.901	100.00	0.991	−0.099	0.017	0.969
水稻土	0	0.268	0.581	0.988	0.694	5.58	0.921	−0.492	0.198	0.984
	0.1	0.303	0.824	0.972	0.166	14.68	0.967	−0.402	0.107	0.986
	0.5	0.505	0.778	0.964	0.458	10.95	0.907	−0.473	0.079	0.971
	1	0.771	0.604	0.972	1.282	12.44	0.877	−0.676	0.071	0.967
	3	1.309	0.521	0.971	4.270	26.32	0.902	−1.139	0.035	0.967
	5	1.613	0.416	0.977	8.652	50.25	0.915	−1.460	0.025	0.961

续表

土壤类型	添加生物质炭浓度/%	Freundlich 模型			Langmuir 模型			Temkin 模型		
		$\lg K_f$	$1/n$	r	K_L	Q_m/(mg/kg)	r	A	B	r
潮土	0	0.386	0.676	0.990	0.214	15.90	0.999	−0.502	0.131	0.992
	0.1	0.432	0.643	0.993	0.144	22.32	0.993	−0.470	0.120	0.988
	0.5	0.615	0.582	0.980	0.251	24.94	0.993	−0.662	0.108	0.992
	1	0.836	0.742	0.974	0.062	135.14	0.989	−0.565	0.045	0.957
	3	1.363	0.508	0.996	1.006	63.69	0.994	−0.918	0.027	0.984
	5	1.545	0.491	0.988	1.958	70.92	0.981	−1.182	0.022	0.991

Freundlich 模型拟合参数 $\lg K_f$ 和 $1/n$ 分别表示生物质炭土壤（MS550）对阿特拉津的吸附常数和吸附强度，其拟合计算结果表明，阿特拉津能够被添加不同浓度水平生物质炭（MS550）土壤强烈的吸附。添加不同浓度水平生物质炭（MS550）的砖红壤、水稻土和潮土对阿特拉津的吸附量明显增加，其吸附常数（$\lg K_f$）值明显高于未添加生物质炭土壤。且在三种供试土壤中随着生物质炭添加量的增加，阿特拉津的吸附常数（$\lg K_f$）值逐渐增大。

根据 $1/n$ 值与等温吸附线的形状关系可知，当 $1/n<1$ 时，吸附等温线为 L 型等温吸附线，吸附呈非线性，表示发生在非均质吸附剂表面和致密有机质上的吸附，溶质分子先占据能量高的点位，然后再依次占据能量较低的点位，当 $1/n>1$ 时，为 S 型等温吸附线。由表 5-5 可知，三种供试土壤在添加不同浓度水平生物质炭（MS550）后，$1/n$ 值均呈先增大后减小的趋势。此外，添加不同浓度水平生物质炭后土壤的吸附强度（$1/n$）值均小于 1，阿特拉津在生物质炭土壤中的等温吸附线为 L 型，这表明阿特拉津在较低浓度下与生物质炭土壤具有较强的亲和力。同时添加不同水平的生物质炭（MS550）的三种供试土壤的吸附强度差异较大，与生物质炭的添加水平无显著相关性（$p>0.05$）。此结果表明，生物质炭不仅可提高三种供试土壤对阿特拉津的吸附能力，而且还可以改变土壤对阿特拉津的吸附等温线非线性程度。

根据图 5-4 中的测定结果，采用 5.3.4 节中的计算方法，取平衡浓度为 5 mg/L 时，计算分别添加 0%、0.1%、0.5%、1%、3%、5% 的生物质炭（MS550）后对阿特拉津的单点吸附常数 K_d 值，计算结果见表 5-6。计算结果表明，添加不同浓度水平生物质炭后的砖红壤、水稻土和潮土对阿特拉津的单点吸附常数（K_d）值均增大，添加 0.1%～5% 生物质炭（MS550）的砖红壤对阿特拉津的吸附能力分别是未添加生物质炭土壤的 4.4～48.7 倍；添加 0.1%～5%生物质炭（MS550）的水稻土对阿特拉津的吸附能力分别是未添加生物质炭土壤的 2.5～34.9 倍；添加 0.1%～5%生物质炭（MS550）的潮土对阿特拉津的吸附能力分别是未添加生物质炭土壤的 1.0～17.8 倍。这表明在砖红壤、水稻土和潮土中添加生物质炭后三种供试土壤的吸附能力增强。

根据 5.3.4 节中的计算方法，分别计算在阿特拉津平衡浓度为 5 mg/L 时，生物质炭（MS550）对 18 种生物质炭土壤吸附阿特拉津的贡献值，计算结果见表 5-6。由表 5-6 可知，在三种供试土壤中，随着生物质炭（MS550）添加浓度的增加，生物质炭对生物质炭土壤吸附阿特拉津的贡献率逐渐增大，这表明随着生物质炭添加量的增加，主导生物质炭土壤吸附特征的主要成分由土壤向生物质炭转移。因此，生物质炭是影响土壤吸附阿特拉津作用大小的关键因素。

表 5-6　添加生物质炭（MS550）土壤对阿特拉津的单点吸附常数 K_d 值及贡献率

土壤类型		添加生物质炭浓度/%					
		0	0.1	0.5	1	3	5
砖红壤	K_d /（L/kg）	1.11	4.83	5.27	5.61	29.32	54.08
	贡献率/%	—	67.6	69.2	70.2	92.4	93.8
水稻土	K_d /（L/kg）	1.06	2.64	3.57	4.79	24.73	36.99
	贡献率/%	—	49.4	58.0	68.6	87.7	93.3
潮土	K_d /（L/kg）	1.85	1.86	3.20	5.62	15.48	32.86
	贡献率/%	—	7.3	37.6	55.8	84.5	89.2

2. 阿特拉津在生物质炭（MS550）土壤上的等温解吸特征

由图 5-4 可知，阿特拉津在添加不同浓度水平生物质炭（MS550）的三种供试土壤中的解吸过程与吸附过程一样是非线性的。采用 Freundlich 模型、Langmuir 模型和 Temkin 模型定量描述阿特拉津在 18 种添加不同浓度水平生物质炭（MS550）的土壤上的解吸过程，模型计算结果参见表 5-7。由表 5-7 可知，Temkin 模型对阿特拉津在生物质炭土壤上解吸过程的拟合效果较好，相关系数（r）值在 0.975～0.999，其次是 Freundlich 模型，其相关系数（r）值在 0.919～0.997。根据图 5-4 可知，阿特拉津在添加不同浓度水平生物质炭（MS550）的三种供试土壤上的吸附等温线的非线性强于相对平直的解吸等温线，两者之间存在明显差异，这表明添加生物质炭（MS550）后土壤对阿特拉津的解吸过程并非吸附的可逆过程，其吸附解吸过程具有明显的迟滞效应，这与 5.3.4 节中的研究结论基本一致。除潮土外，这种解吸迟滞效应在添加生物质炭后的土壤中明显增强，且随着生物质炭添加量的增加而逐渐增强。

　　根据吸附解吸等温线 Freundlich 模型拟合的吸附常数值，采用式（4-5）计算生物质炭（MS550）土壤对阿特拉津的解吸滞后系数（HI）。结果见表 5-7。由表 5-7 可知，在砖红壤和水稻土中添加不同浓度水平的生物质炭后解吸滞后系数随着生物质炭的添加量的增加而逐渐增大，而潮土相反，这与添加生物质炭（MS350）的研究结果基本一致。根据 5.3.4 节中滞后系数（HI）的分类依据，阿特拉津在添加不同浓度水平生物质炭（MS550）的三种供试土壤上的滞后作用均为负滞后作用，这表明阿特拉津在添加生物质炭（MS550）土壤上的解吸速率同样大于吸附速率，吸附和解吸这两个过程亦不能在相同时间内达到平衡。

表 5-7　生物质炭（MS550）土壤对阿特拉津的解吸模型拟合数据

土壤类型	添加生物质炭浓度/%	Freundlich 模型			Langmuir 模型			Temkin 模型			HI
		$\lg K_f$	$1/n_{des}$	r	K_L	Q_m/(mg/kg)	r	A	B	r	
砖红壤	0	1.064	0.878	0.991	0.213	74.63	0.998	−1.406	0.183	0.995	1.38
	0.1	2.120	1.806	0.977	2.609	−3.92	0.941	−1.181	0.032	0.991	1.85
	0.5	2.248	1.781	0.969	2.901	−4.99	0.889	−1.126	0.023	0.991	2.10
	1	2.537	1.896	0.971	0.270	70.63	0.894	−1.149	0.017	0.987	2.22
	3	2.630	1.335	0.975	1.917	−72.46	0.920	−1.251	0.008	0.975	2.43
	5	2.851	1.444	0.979	0.261	−59.88	0.912	−1.308	0.007	0.992	2.60
水稻土	0	0.393	0.586	0.987	3.431	2.67	0.995	−1.543	0.736	0.998	1.01
	0.1	1.182	1.197	0.972	0.913	−8.24	0.993	−1.315	0.146	0.988	1.45
	0.5	1.373	1.046	0.987	0.487	−39.06	0.997	−1.390	0.093	0.994	1.34
	1	1.482	0.984	0.977	0.561	58.82	0.957	−1.290	0.061	0.989	1.63
	3	1.955	0.761	0.981	2.778	80.00	0.915	−1.682	0.027	0.988	1.46
	5	2.269	0.860	0.997	0.765	384.62	0.995	−1.519	0.013	0.991	2.07
潮土	0	1.409	1.444	0.992	1.760	−3.73	0.997	−1.163	0.108	0.992	2.14
	0.1	1.282	1.138	0.971	2.098	3.97	0.957	−1.280	0.125	0.999	1.77
	0.5	1.340	0.981	0.919	1.319	−12.11	0.876	−1.320	0.096	0.991	1.69
	1	1.842	1.223	0.993	1.710	−17.30	0.981	−1.267	0.035	0.985	1.65
	3	1.882	0.722	0.988	1.241	138.89	0.967	−1.401	0.021	0.988	1.42
	5	2.216	0.915	0.992	0.098	−2 000.00	0.989	−1.399	0.013	0.996	1.86

5.3.5　生物质炭（MS750）对阿特拉津在土壤中的吸附解吸行为的影响

1. 阿特拉津在生物质炭（MS750）土壤上的等温吸附特征

添加不同含量的生物质炭（MS750）的三种供试土壤对阿特拉津的吸附解吸等温线见图 5-5。从图中可知，添加由木薯渣制备的生物质炭（MS750）提高了三种供试土壤对阿特拉津的吸附量，且随着生物质炭添加量的增加，吸附量逐渐增加，吸附等温线的非线性程度逐渐增强。这与添加在 350 ℃和 550 ℃下制备的生物质炭的研究结果一致。

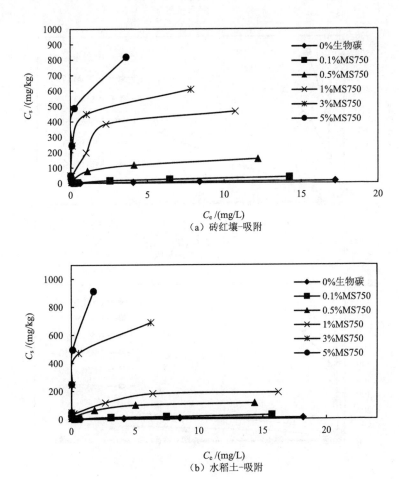

（a）砖红壤-吸附

（b）水稻土-吸附

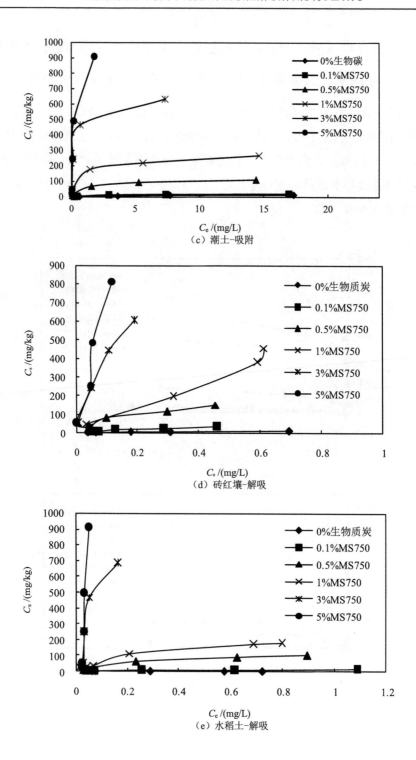

（c）潮土-吸附

（d）砖红壤-解吸

（e）水稻土-解吸

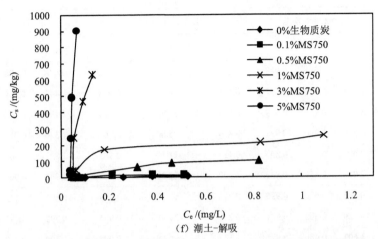

（f）潮土-解吸

图 5-5　阿特拉津在生物质炭（MS750）土壤上的吸附解吸等温线

　　根据 5.3.4 节、5.3.5 节中研究结果，本书继续选用 Freundlich 模型、Langmuir 模型和 Temkin 模型定量描述阿特拉津在生物质炭土壤中的吸附解吸过程。阿特拉津在生物质炭土壤（MS750）中的吸附结果及相关拟合参数见表 5-8。根据等温线方程计算得到的相关系数（r）值可知，除三种供试土壤添加 3%MS750 和 5%MS750 处理外，Freundlich 模型对阿特拉津的吸附数据拟合结果均较好，相关系数（r）值在 0.959～0.997，吸附数据拟合均达极显著相关（$p<0.01$）；其次是 Temkin 模型，除添加 3%MS750 的潮土处理外，Temkin 模型能较好地拟合阿特拉津的吸附过程，其相关系数（r）值在 0.951～0.999，吸附数据拟合均达显著相关（$p<0.05$）。三种供试土壤添加 3% MS750 和 5% MS750 处理组对阿特拉津的吸附过程更适合采用 Temkin 模型拟合，这表明三种供试土壤添加 3% MS750 和 5% MS750 处理组对阿特拉津的吸附过程存在静电吸附作用。

表 5-8　生物质炭（MS750）土壤对阿特拉津的吸附模型拟合数据

土壤类型	添加生物质炭浓度/%	Freundlich 模型			Langmuir 模型			Temkin 模型		
		$\lg K_f$	$1/n$	r	K_L	Q_m/(mg/kg)	r	A	B	r
砖红壤	0	0.323	0.637	0.997	0.369	9.51	0.994	−0.332	0.128	0.959
	0.1	0.763	0.771	0.989	0.064	108.70	0.997	−0.503	0.048	0.973
	0.5	1.694	0.564	0.969	0.046	256.41	0.966	−1.178	0.015	0.998
	1	2.205	0.598	0.959	0.720	555.56	0.901	−1.200	0.005	0.978
	3	2.414	0.608	0.832	0.542	−769.23	0.914	−1.304	0.003	0.951
	5	2.710	0.733	0.832	2.263	−256.41	0.838	−1.415	0.002	0.978

续表

土壤类型	添加生物质炭浓度/%	Freundlich 模型			Langmuir 模型			Temkin 模型		
		$\lg K_f$	$1/n$	r	K_L	Q_m/(mg/kg)	r	A	B	r
水稻土	0	0.268	0.581	0.988	0.694	5.58	0.921	−0.492	0.198	0.984
	0.1	0.618	0.736	0.992	0.181	30.77	0.998	−0.443	0.064	0.964
	0.5	1.603	0.471	0.989	2.918	69.93	0.976	−1.295	0.022	0.985
	1	1.865	0.400	0.992	3.810	125.00	0.966	−1.326	0.013	0.979
	3	2.606	0.539	0.893	0.129	−11 111.11	0.985	−1.842	0.004	0.986
	5	2.989	0.659	0.838	7.500	−222.22	0.907	−1.942	0.002	0.984
潮土	0	0.386	0.676	0.990	0.214	15.90	0.999	−0.502	0.131	0.992
	0.1	0.729	0.562	0.971	0.298	29.41	0.995	−0.792	0.097	0.997
	0.5	1.603	0.480	0.975	1.137	120.48	0.998	−1.304	0.022	0.999
	1	2.029	0.423	0.964	1.524	312.50	0.970	−1.523	0.010	0.998
	3	2.524	0.571	0.878	0.923	−833.33	0.908	−1.617	0.004	0.814
	5	2.965	0.840	0.879	3.846	−200.00	0.931	−1.542	0.002	0.993

Freundlich 模型拟合参数 $\lg K_f$ 和 $1/n$ 分别表示生物质炭土壤（MS750）对阿特拉津的吸附常数和吸附强度，其拟合计算结果表明，阿特拉津能够被添加不同浓度水平生物质炭（MS750）土壤强烈地吸附。添加不同浓度水平生物质炭（MS750）的砖红壤、水稻土和潮土对阿特拉津的吸附量明显增加，其吸附常数（$\lg K_f$）值明显高于未添加生物质炭土壤。且在三种供试土壤中随着生物质炭添加量的增加，阿特拉津的吸附常数（$\lg K_f$）值逐渐增大。前述已提及，当 $1/n<1$，吸附等温线为 L 型等温吸附线，吸附呈非线性，表示发生在非均质吸附剂表面和致密有机质上的吸附，溶质分子先占据能量高的点位，然后再依次占据能量较低的点位，当 $1/n>1$ 时，为 S 型等温吸附线。

由表 5-8 可知，三种供试土壤在添加不同浓度水平生物质炭（MS750）后的吸附强度（$1/n$）值均小于 1，阿特拉津在生物质炭土壤中的等温吸附线为 L 型，这表明阿特拉津在较低浓度下与生物质炭土壤具有较强的亲和力。同时添加不同浓度水平的生物质炭（MS750）的三种供试土壤的吸附强度差异较大，与生物质炭的添加水平无显著相关性（$p>0.05$）。此结果表明，生物质炭不仅可提高三种供试土壤对阿特拉津的吸附能力，而且还可以改变土壤对阿特拉津的吸附等温线非线性程度。

根据图 5-5 中的测定结果，采用 5.3.4 节和 5.3.5 节中的计算方法，取平衡浓度为 5 mg/L 时，计算分别添加 0%、0.1%、0.5%、1%、3%、5%的生物质炭（MS750）后对阿特拉津的单点吸附常数 K_d 值，计算结果见表 5-9。计算结果表明，添加不同浓度水平生物质炭后的砖红壤、水稻土和潮土对阿特拉津的单点吸附常数（K_d）值均增大，添加 0.1%～5%生物质炭（MS750）的砖红壤对阿特拉津的吸附能力分别是未添加生物质炭土壤的 5.7～2020.7 倍；添加 0.1%～5%生物质炭（MS750）的水稻土对阿特拉津的吸附能力分别是未添加生物质炭土壤的 3.8～8166.7 倍；添加 0.1%～5%生物质炭（MS750）的潮土对阿特拉津的吸附能力分别是未添加生物质炭土壤的 2.5～1559.4 倍。这表明在砖红壤、水稻土和潮土中添加生物质炭后三种供试土壤的吸附能力增强。

根据 5.3.4 节和 5.3.5 节中的计算方法，分别计算在阿特拉津平衡浓度为 5 mg/L 时，生物质炭（MS750）对 18 种生物质炭土壤吸附阿特拉津的贡献值，计算结果见表 5-9。由表 5-9 可知，在三种供试土壤中，随着生物质炭（MS750）添加浓度的增加，生物质炭对生物质炭土壤吸附阿特拉津的贡献率逐渐增大，这表明随着生物质炭添加量的增加，主导生物质炭土壤吸附特征的主要成分由土壤向生物质炭转移。因此，生物质炭是影响土壤吸附阿特拉津作用大小的关键因素。此外，添加 MS750 后的三种供试土壤对阿特拉津的单点吸附常数（K_d）值和贡献率明显高于添加 MS350 和 MS550 的土壤，这与 MS750 对阿特拉津具有较强的吸附能力有关。

表 5-9　添加生物质炭（MS750）土壤对阿特拉津的单点吸附常数 K_d 值及贡献率

土壤类型	参数	添加生物质炭浓度/%					
		0	0.1	0.5	1	3	5
砖红壤	K_d /（L/kg）	1.11	6.30	69.80	190.27	1 863.44	2 242.99
	贡献率/%	—	72.0	94.2	97.7	98.1	98.1
水稻土	K_d /（L/kg）	1.06	4.05	34.81	43.73	3 439.58	8 656.66
	贡献率/%	—	65.3	93.1	96.3	98.2	98.2
潮土	K_d /（L/kg）	1.85	4.66	44.20	122.75	1 898.93	2 884.84
	贡献率/%	—	50.8	90.2	96.2	97.2	97.3

2. 阿特拉津在生物质炭（MS750）土壤上的等温解吸特征

由图 5-5 可知，阿特拉津在添加不同浓度水平生物质炭（MS750）的三种供试土壤中的解吸过程与吸附过程一样是非线性的。采用 Freundlich 模型、Langmuir

模型和 Temkin 模型定量描述阿特拉津在 18 种添加不同浓度水平生物质炭（MS750）的土壤上的解吸过程，模型计算结果分别见表 5-10。由表 5-10 可知，Temkin 模型对阿特拉津在生物质炭土壤上吸附过程的拟合效果较好，相关系数（r）值在 0.899～0.998，Freundlich 模型对添加 5%生物质炭（MS750）后的砖红壤的吸附过程拟合效果较差。根据图 5-6 可知，阿特拉津在添加不同浓度水平生物质炭（MS750）的三种供试土壤上的吸附等温线的非线性同样强于相对平直的解吸等温线，两者之间存在明显差异，这表明添加生物质炭（MS750）后土壤对阿特拉津的解吸过程并非吸附的可逆过程，其吸附解吸过程具有明显的迟滞效应，这与添加 MS350 和 MS550 的研究结论基本一致。

表 5-10　生物质炭（MS750）土壤对阿特拉津的解吸模型拟合数据

土壤类型	添加生物质炭浓度/%	Freundlich 模型			Langmuir 模型			Temkin 模型			HI
		lgK_f	$1/n_{des}$	r	K_L	Q_m/(mg/kg)	r	A	B	r	
砖红壤	0	1.064	0.878	0.991	0.213	74.63	0.998	−1.406	0.183 0	0.990	1.38
	0.1	2.162	1.559	0.934	3.301	−5.43	0.881	−1.219	0.027 8	0.983	2.02
	0.5	2.686	1.202	0.908	2.80	−59.52	0.863	−1.357	0.006 7	0.983	2.13
	1	2.855	1.125	0.986	0.913	−476.19	0.931	−1.225	0.002 5	0.954	1.88
	3	4.365	2.054	0.814	6.364	−71.43	0.709	−1.334	0.001 0	0.954	3.38
	5	5.603	2.892	0.692	9.217	−47.17	0.540	−1.318	0.000 4	0.899	3.95
水稻土	0	0.393	0.586	0.987	3.431	2.67	0.995	−1.543	0.736 0	0.997	1.01
	0.1	1.280	0.847	0.971	0.013	−2 000.00	0.995	−1.362	0.084 9	0.969	1.15
	0.5	2.116	0.697	0.985	1.571	227.27	0.989	−1.652	0.015 7	0.998	1.48
	1	2.378	0.683	0.978	1.625	384.62	0.998	−1.549	0.008 1	0.996	1.71
	3	3.990	1.267	0.879	6.600	−303.03	0.939	−1.841	0.001 4	0.921	2.35
	5	8.736	4.333	0.906	23.400	−28.49	0.809	−1.632	0.000 4	0.984	6.58
潮土	0	1.409	1.444	0.992	1.760	−3.73	0.997	−1.163	0.108 1	0.983	2.14
	0.1	1.612	1.088	0.960	1.629	−14.79	0.955	−1.341	0.065 7	0.990	1.94
	0.5	2.194	0.894	0.988	0.006	33 333.33	0.997	−1.393	0.012 5	0.991	1.86
	1	2.452	0.693	0.915	0.158	−3 333.33	0.939	−1.485	0.005 8	0.965	1.64
	3	5.212	2.563	0.879	9.619	−49.50	0.819	−1.410	0.000 8	0.977	4.49
	5	9.912	5.704	0.878	17.607	−20.28	0.755	−1.445	0.000 3	0.987	6.79

根据吸附解吸等温线 Freundlich 模型拟合的吸附常数值，采用式（4-5）计算生物质炭（MS750）土壤对阿特拉津的解吸滞后系数（HI）。结果见表 5-10。由表 5-10 可知，在砖红壤和水稻土中添加不同浓度水平的生物质炭后解吸滞后系数

随着生物质炭的添加量的增加而逐渐增大，而在潮土中解吸滞后系数呈现先减小后升高并逐渐高于未添加生物质炭土壤的趋势。这与添加 MS350 和 MS550 的研究结果存在一定的差异。这可能与阿特拉津在添加 MS750 的潮土中的单点吸附常数值较高有关，由于 MS750 具有较高的比表面积和孔隙结构，对阿特拉津具有较强的吸附能力。由表 5-9 亦可知，在潮土中添加 MS750 后，MS750 对其的吸附贡献率较高，在 50.8%～97.3%，此时在添加 MS750 后的潮土中，生物质炭占据主导地位，其解吸滞后效应主要与生物质炭有关。

此外，根据 5.3.4 节中滞后系数（HI）的分类依据，阿特拉津在添加不同浓度水平生物质炭（MS750）的三种土壤上的滞后作用均为负滞后作用，这表明阿特拉津在添加生物质炭（MS750）土壤上的解吸速率同样大于吸附速率，吸附和解吸这两个过程亦不能在相同时间内达到平衡。这与添加 MS350 和 MS550 的研究结论相近。

5.3.6　阿特拉津在生物质炭土壤上的吸附热力学研究

本书分别考察了不同温度下（288 K、298 K 和 308 K）阿特拉津在添加不同浓度水平生物质炭的砖红壤、水稻土和潮土中的等温吸附状况。以添加 0.1%MS750 的砖红壤为例，其在不同温度下的吸附等温线见图 5-6。由图 5-6 可知，在相同初始浓度下，随着温度的升高，添加 0.1%MS750 的砖红壤对阿特拉津的吸附量逐渐增加。同时对添加不同浓度水平生物质炭的砖红壤、水稻土和潮土中的等温吸附过程采用 Freundlich 模型和 Langmuir 模型进行线性拟合，计算结果见表 5-11～表 5-13。

表 5-11　不同温度下添加生物质炭的砖红壤中阿特拉津的吸附模型参数

生物质炭	砖红壤中生物质炭添加浓度/%	温度/K	Freundlich 模型			Langmuir 模型		
			$\lg K_f$	$1/n$	r	K_L	Q_m/(mg/kg)	r
MS350	0.1	288	0.087	0.851	0.954	−0.181	−3.69	0.962
		298	0.491	1.040	0.982	0.199	18.87	0.936
		308	0.763	1.069	0.995	−0.012	−476.19	0.999
	0.5	288	0.116	0.849	0.973	−0.193	−3.66	0.926
		298	0.546	1.009	0.976	0.237	17.99	0.915
		308	0.889	1.300	0.998	0.379	32.68	0.989
	1	288	0.130	1.006	0.963	−0.143	−6.23	0.953
		298	0.576	0.974	0.980	0.248	18.42	0.910
		308	0.752	1.199	0.992	0.022	285.71	0.997

续表

生物质炭	砖红壤中生物质炭添加浓度/%	温度/K	Freundlich 模型			Langmuir 模型		
			$\lg K_f$	$1/n$	r	K_L	Q_m/(mg/kg)	r
MS350	3	288	0.473	1.073	0.992	−0.031	−90.91	0.997
		298	0.765	1.181	0.966	0.223	33.56	0.962
		308	1.016	1.182	0.995	0.014	833.33	0.994
	5	288	0.559	1.189	0.979	−0.034	−99.01	0.988
		298	0.926	1.301	0.961	0.438	29.41	0.930
		308	1.075	1.302	0.993	0.138	114.94	0.999
MS550	0.1	288	0.190	0.968	0.988	−0.117	−9.96	0.964
		298	0.531	1.027	0.977	0.166	23.26	0.942
		308	0.817	1.131	0.995	0.019	370.37	0.999
	0.5	288	0.280	0.958	0.979	−0.141	−9.42	0.965
		298	0.752	1.179	0.997	0.097	69.44	0.999
		308	0.966	1.375	0.996	0.324	45.66	0.997
	1	288	0.476	1.119	0.950	−0.146	−14.51	0.930
		298	0.812	1.170	0.997	0.120	70.63	0.996
		308	0.963	1.378	0.994	0.163	82.64	0.988
	3	288	1.040	1.399	0.970	0.025	476.19	0.966
		298	1.448	1.822	0.983	1.069	71.43	0.983
		308	1.515	1.801	0.967	0.415	163.93	0.932
	5	288	1.123	1.549	0.957	0.058	270.27	0.920
		298	1.551	1.802	0.966	0.901	100.00	0.991
		308	1.659	1.928	0.966	0.679	188.68	0.971
MS750	0.1	288	0.218	0.997	0.973	−0.130	−8.98	0.969
		298	0.763	1.297	0.989	0.064	108.70	0.997
		308	0.932	1.208	0.996	0.105	101.01	1.000
	0.5	288	1.248	1.527	0.988	0.195	133.33	0.995
		298	1.694	1.772	0.969	0.046	256.41	0.966
		308	1.716	1.763	0.971	0.487	263.16	0.970
	1	288	1.811	1.780	0.960	0.287	400.00	0.935
		298	2.205	1.673	0.959	0.720	555.56	0.901
		308	2.229	1.686	0.964	0.696	625.00	0.923
	3	288	2.224	1.355	0.898	−0.182	−1 000.00	0.810
		298	2.414	1.645	0.832	−0.542	−769.23	0.914
		308	2.501	1.809	0.847	−1.267	−526.32	0.854
	5	288	2.359	1.113	0.910	−0.629	−256.41	0.865
		298	2.710	1.365	0.832	−2.263	−256.41	0.838
		308	3.032	1.070	0.864	−3.000	−238.10	0.790

表 5-12　不同温度下添加生物质炭的水稻土中阿特拉津的吸附模型参数

生物质炭	水稻土中生物质炭添加浓度/%	温度/K	Freundlich 模型			Langmuir 模型		
			$\lg K_f$	$1/n$	r	K_L	Q_m/(mg/kg)	r
		288	0.075	0.970	0.974	-0.116	-7.39	0.979
	0.1	298	0.410	1.431	0.980	0.568	8.30	0.912
		308	0.538	1.247	0.997	0.295	17.21	0.978
		288	0.083	0.735	0.976	-0.019	-55.56	0.993
	0.5	298	0.424	1.403	0.980	0.508	9.09	0.918
		308	0.536	1.381	0.992	0.371	14.77	0.974
MS350		288	0.081	0.953	0.986	-0.129	-6.68	0.961
	1	298	0.476	1.399	0.984	0.600	9.32	0.914
		308	0.623	1.547	0.942	0.201	28.25	0.821
		288	0.304	0.951	0.915	-0.202	-4.40	0.825
	3	298	0.774	1.350	0.975	0.259	31.85	0.974
		308	0.887	1.292	0.982	-0.014	-588.24	0.960
		288	0.535	1.089	0.952	-0.148	-15.58	0.888
	5	298	1.139	2.113	0.984	3.942	21.14	0.902
		308	1.080	1.650	0.995	0.742	33.44	0.997
		288	0.037	0.973	0.970	-0.068	-12.66	0.997
	0.1	298	0.303	1.213	0.972	0.166	14.68	0.967
		308	0.461	1.006	0.983	-0.015	-200.00	0.985
		288	0.091	0.879	0.957	-0.181	-3.77	0.953
	0.5	298	0.505	1.285	0.964	0.459	10.95	0.907
		308	0.648	1.490	0.982	0.294	23.47	0.997
MS550		288	0.408	1.066	0.979	0.022	113.64	0.994
	1	298	0.771	1.654	0.972	1.282	12.44	0.877
		308	0.853	1.741	0.989	0.626	24.21	0.994
		288	0.938	1.327	0.969	-0.020	-434.78	0.971
	3	298	1.309	1.919	0.971	4.270	26.32	0.902
		308	1.351	1.778	0.977	2.457	35.09	0.949
		288	1.314	1.808	0.987	0.680	67.11	0.994
	5	298	1.613	2.401	0.977	8.652	50.25	0.915
		308	1.625	2.224	0.977	2.889	76.92	0.985
		288	0.372	1.139	0.987	-0.005	-476.19	0.998
	0.1	298	0.618	1.358	0.992	0.181	30.77	0.998
		308	0.679	1.328	0.983	0.039	138.89	0.990
MS750		288	1.380	1.408	0.943	-0.052	-500.00	0.930
	0.5	298	1.603	2.123	0.989	2.918	69.93	0.976
		308	1.671	2.156	0.967	2.000	104.17	0.997

续表

生物质炭	水稻土中生物质炭添加浓度/%	温度/K	Freundlich 模型			Langmuir 模型		
			$\lg K_f$	$1/n$	r	K_L	Q_m/(mg/kg)	r
MS750	1	288	1.555	1.662	0.978	1.045	86.96	0.917
		298	1.865	2.497	0.992	3.810	125.00	0.966
		308	1.924	2.459	0.955	2.955	153.85	0.977
	3	288	2.288	1.167	0.881	−0.667	−200.00	0.977
		298	2.606	1.856	0.893	−0.129	−11 111.11	0.985
		308	2.631	1.956	0.903	−0.400	−5 000.00	0.917
	5	288	2.533	1.091	0.821	−0.962	−200.00	0.731
		298	2.989	1.517	0.838	−7.500	−222.22	0.907
		308	3.011	1.521	0.869	−8.000	−312.50	0.899

表 5-13　不同温度下添加生物质炭的潮土中阿特拉津的吸附模型参数

生物质炭	潮土中生物质炭添加浓度/%	温度/K	Freundlich 模型			Langmuir 模型		
			$\lg K_f$	$1/n$	r	K_L	Q_m/(mg/kg)	r
MS350	0.1	288	0.058	1.055	0.969	−0.128	−6.25	0.939
		298	0.413	1.559	0.992	0.195	18.28	0.995
		308	0.388	1.481	0.988	0.118	25.64	0.989
	0.5	288	0.073	1.151	0.973	−0.089	−10.64	0.944
		298	0.459	1.477	0.967	0.038	83.33	0.954
		308	0.471	1.441	0.955	−0.006	−500.00	0.935
	1	288	0.107	1.111	0.972	−0.084	−12.20	0.971
		298	0.480	1.418	0.986	0.144	26.74	0.999
		308	0.548	1.493	0.986	0.339	16.39	0.980
	3	288	0.171	0.931	0.951	−0.187	−4.17	0.914
		298	0.814	1.423	0.998	0.237	40.16	0.999
		308	0.825	1.376	0.998	0.178	52.63	0.998
	5	288	0.477	1.116	0.936	0.140	14.49	0.947
		298	0.926	1.399	0.988	0.141	79.37	0.999
		308	0.933	1.401	0.986	0.136	83.33	0.999
MS550	0.1	288	0.073	1.016	0.953	−0.162	−4.39	0.899
		298	0.417	1.574	0.987	0.181	19.53	0.984
		308	0.412	1.534	0.985	0.148	22.73	0.981
	0.5	288	0.243	1.068	0.993	0.086	22.73	0.983
		298	0.615	1.718	0.980	0.251	24.94	0.993
		308	0.642	1.684	0.982	0.240	27.78	0.992
	1	288	0.507	1.497	0.971	0.259	17.86	0.990
		298	0.836	1.348	0.974	0.062	135.14	0.989
		308	0.829	1.311	0.973	0.016	500.00	0.981

续表

生物质炭	潮土中生物质炭添加浓度/%	温度/K	Freundlich 模型			Langmuir 模型		
			$\lg K_f$	$1/n$	r	K_L	Q_m/(mg/kg)	r
MS550	3	288	0.934	1.468	0.926	−0.017	−500.00	0.963
		298	1.363	1.970	0.996	1.006	63.69	0.994
		308	1.377	2.033	0.998	1.231	62.50	0.990
	5	288	1.220	1.538	0.968	0.064	333.33	0.963
		298	1.545	2.035	0.988	1.958	70.92	0.981
		308	1.596	2.273	0.994	3.750	66.67	0.975
MS750	0.1	288	0.346	1.129	0.915	−0.128	−11.90	0.973
		298	0.729	1.780	0.971	0.298	29.41	0.995
		308	0.763	1.748	0.979	0.411	25.64	0.999
	0.5	288	1.298	1.590	0.975	0.147	200.00	0.986
		298	1.603	2.083	0.975	1.137	120.48	0.998
		308	1.621	1.912	0.974	0.750	166.67	0.984
	1	288	1.764	1.637	0.953	0.083	100.00	0.969
		298	2.029	2.365	0.964	1.524	312.50	0.970
		308	2.057	2.092	0.983	1.000	500.00	0.984
	3	288	2.282	1.572	0.770	−0.400	−500.00	0.709
		298	2.524	1.751	0.878	−0.923	−833.33	0.908
		308	2.596	1.664	0.877	−1.000	−1 000.00	0.873
	5	288	2.685	0.942	0.777	−1.500	−111.11	0.708
		298	2.965	1.190	0.879	−3.846	−200.00	0.931
		308	2.909	1.387	0.812	−4.000	−250.00	0.781

由表 5-11～表 5-13 可知。随着温度的升高，阿特拉津在添加不同浓度水平生物质炭的砖红壤、水稻土和潮土中的吸附常数 $\lg K_f$ 值逐渐增大，说明随着温度的升高，阿特拉津在添加不同浓度水平生物质炭的砖红壤、水稻土和潮土中的吸附容量不断增加，这表明温度的升高促进了生物质炭土壤对阿特拉津的吸附作用。

吸附热力学参数计算方法较多，不同的研究者所采用的方法不同。本书按照 4.6 节中的热力学参数计算方法，分别计算阿特拉津在不同生物质炭土壤中吸附过程的焓变、熵变和吉布斯自由能。具体公式参见式（3-6）和式（3-7）。

根据上述公式计算得到的热力学参数见表 5-14～表 5-16，由表 5-14～表 5-16 可知，所有温度条件下的吸附反应的标准自由能 $\Delta G^{\theta} < 0$，$\Delta H^{\theta} > 0$，这表明阿特拉津在所有生物质炭土壤中的吸附是自发进行的且属于吸热反应。升高温度有利于吸附反应的进行。ΔG^{θ} 值越小，吸附作用越强。不同温度条件下的 ΔG^{θ} 绝对值的大小顺序基本为：$\Delta G^{\theta}_{308K} > \Delta G^{\theta}_{298K} > \Delta G^{\theta}_{288K}$，说明随着温度的升高，阿特拉津与不同生物质炭土壤之间的吸附作用力增强。此外，不同生物质炭土壤在所有温度条件下的吸附反应的标准自由能 $\Delta G^{\theta} < 40\,kJ/mol$，这表明阿特拉津在生物质炭土壤上的吸附是物理吸附。

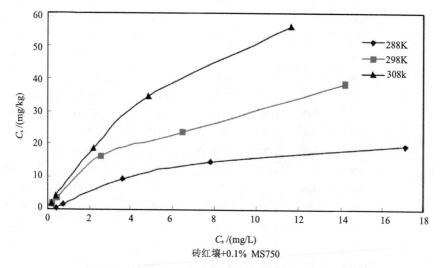

砖红壤+0.1% MS750

图 5-6　不同温度下生物质炭土壤中阿特拉津的吸附等温线

表 5-14　添加生物质炭的砖红壤吸附阿特拉津的热力学参数

生物质炭	砖红壤中生物质炭添加浓度/%	温度/K	ΔG^{θ} /(kJ/mol)	ΔS^{θ} /(kJ/mol)	ΔH^{θ} /(kJ/mol)
MS350	0.1	288	−0.48		
		298	−2.80	0.20	57.31
		308	−4.50		
	0.5	288	−0.64		
		298	−3.11	0.23	65.58
		308	−5.24		
	1	288	−0.71		
		298	−3.29	0.19	52.63
		308	−4.43		
	3	288	−2.61		
		298	−4.36	0.17	46.07
		308	−5.99		
	5	288	−3.08		
		298	−5.28	0.16	43.60
		308	−6.34		

续表

生物质炭	砖红壤中生物质炭添加浓度/%	温度/K	ΔG^{θ} /(kJ/mol)	ΔS^{θ} /(kJ/mol)	ΔH^{θ} /(kJ/mol)
	0.1	288	−1.04		
		298	−3.03	0.19	53.20
		308	−4.81		
	0.5	288	−1.54		
		298	−4.29	0.21	58.04
		308	−5.70		
MS550	1	288	−2.62		
		298	−4.63	0.15	41.18
		308	−5.68		
	3	288	−5.73		
		298	−8.26	0.16	40.04
		308	−8.93		
	5	288	−6.19		
		298	−8.85	0.18	45.20
		308	−9.78		
	0.1	288	−1.20		
		298	−4.35	0.21	60.27
		308	−5.50		
	0.5	288	−6.88		
		298	−9.66	0.16	39.29
		308	−10.12		
MS750	1	288	−9.99		
		298	−12.58	0.16	35.09
		308	−13.14		
	3	288	−12.26		
		298	−13.77	0.12	23.40
		308	−14.74		
	5	288	−13.01		
		298	−15.46	0.24	57.15
		308	−17.88		

表 5-15　添加生物质炭的水稻土吸附阿特拉津的热力学参数

生物质炭	水稻土中生物质炭添加浓度/%	温度/K	ΔG^{θ} /(kJ/mol)	ΔS^{θ} /(kJ/mol)	ΔH^{θ} /(kJ/mol)
MS350	0.1	288	-0.41	0.14	39.19
		298	-2.34	0.14	39.19
		308	-3.17		
	0.5	288	-0.46	0.14	38.23
		298	-2.42		
		308	-3.16		
	1	288	-0.45	0.16	45.84
		298	-2.71		
		308	-3.68		
	3	288	-1.67	0.18	49.21
		298	-4.42		
		308	-5.23		
	5	288	-2.95	0.17	45.67
		298	-6.50		
		308	-6.37		
MS550	0.1	288	-0.20	0.13	35.89
		298	-1.73		
		308	-2.72		
	0.5	288	-0.50	0.17	47.03
		298	-2.88		
		308	-3.82		
	1	288	-2.25	0.14	37.54
		298	-4.40		
		308	-5.03		
	3	288	-5.17	0.14	34.81
		298	-7.47		
		308	-7.97		
	5	288	-7.24	0.12	26.12
		298	-9.20		
		308	-9.58		
MS750	0.1	288	-2.05	0.10	25.98
		298	-3.53		
		308	-4.01		
	0.5	288	-7.61	0.11	24.52

续表

生物质炭	水稻土中生物质炭添加浓度/%	温度/K	ΔG^{θ} /(kJ/mol)	ΔS^{θ} /(kJ/mol)	ΔH^{θ} /(kJ/mol)
MS750	0.5	298	−9.14	0.11	24.52
		308	−9.85		
	1	288	−8.57	0.14	31.16
		298	−10.64		
		308	−11.34		
	3	288	−12.61	0.15	28.92
		298	−14.87		
		308	−15.52		
	5	288	−13.97	0.19	40.15
		298	−17.05		
		308	−17.75		

表 5-16　添加生物质炭的潮土吸附阿特拉津的热力学参数

生物质炭	潮土中生物质炭添加浓度/%	温度/K	ΔG^{θ} /(kJ/mol)	ΔS^{θ} /(kJ/mol)	ΔH^{θ} /(kJ/mol)
MS350	0.1	288	−0.32	0.10	27.66
		298	−2.36		
		308	−2.29		
	0.5	288	−0.40	0.12	33.44
		298	−2.62		
		308	−2.78		
	1	288	−0.59	0.13	37.16
		298	−2.74		
		308	−3.23		
	3	288	−0.94	0.20	54.95
		298	−4.64		
		308	−4.86		
	5	288	−2.63	0.14	38.31
		298	−5.28		
		308	−5.50		
MS550	0.1	288	−0.40	0.10	28.46
		298	−2.38		
		308	−2.43		

续表

生物质炭	潮土中生物质炭添加浓度/%	温度/K	ΔG^{θ} /(kJ/mol)	ΔS^{θ} /(kJ/mol)	ΔH^{θ} /(kJ/mol)
MS550	0.5	288	-1.34		
		298	-3.51	0.12	33.56
		308	-3.79		
	1	288	-2.80		
		298	-4.77	0.10	27.03
		308	-4.89		
	3	288	-5.15		
		298	-7.78	0.15	37.43
		308	-8.12		
	5	288	-6.73		
		298	-8.81	0.13	31.67
		308	-9.41		
MS750	0.1	288	-1.91		
		298	-4.16	0.13	35.08
		308	-4.50		
	0.5	288	-7.16		
		298	-9.14	0.12	27.16
		308	-9.56		
	1	288	-9.73		
		298	-11.57	0.12	24.66
		308	-12.13		
	3	288	-12.58		
		298	-14.40	0.14	26.50
		308	-15.31		
	5	288	-14.80		
		298	-16.92	0.12	18.70
		308	-17.15		

吸附焓变（ΔH^{θ}）是吸附质与吸附剂间的多种作用力共同作用的结果，反映了吸附质与吸附剂间作用力的性质，不同作用力对吸附焓变的贡献值不同。前文研究结果表明，阿特拉津在三种供试土壤中及不同的生物质炭土壤中的吸附行为存在明显的差异。而有机污染物在固-液界面上发生的吸附过程通常是多种吸附作

用力共同作用的结果[232]。结合 4.6 节中的研究结果,因此推测阿特拉津在不同生物质炭土壤中的吸附过程存在不同作用力的影响。

由表 5-14~表 5-16 可知,阿特拉津在所有生物质炭土壤上的吸附焓变(ΔH^{θ})值均为正值。这主要是随着阿特拉津浓度的增加,较多的阿特拉津分子被吸附到生物质炭土壤上,生物质炭土壤表面的吸附位点相对减少,强度逐渐减弱,生物质炭土壤表面越来越拥挤,导致热效应增加趋势逐渐降低,阿特拉津在生物质炭土壤上的放热反应小于吸热反应,因此吸附焓变(ΔH^{θ})均为正值。吸附过程为吸热反应,温度的升高有利于吸附过程的进行。

阿特拉津在添加不同浓度水平生物质炭的砖红壤、水稻土和潮土中的吸附焓变(ΔH^{θ})存在明显差异,且同一生物质炭土壤在不同温度下吸附焓变(ΔH^{θ})亦存在明显差异。根据 von Open 等的研究结论[201],由表 3-10 可知,阿特拉津在添加不同浓度水平生物质炭的砖红壤、水稻土和潮土中的吸附作用力主要有氢键、离子和配位基交换、偶极间力和化学键。

标准熵变(ΔS^{θ})是生物质炭土壤吸附和解吸阿特拉津的共同作用的结果:首先主要是阿特拉津从水相进入生物质炭土壤的表面或者层间,阿特拉津运动自由度降低,标准吸附熵变(ΔS^{θ})减小;此外,随着温度的升高,阿特拉津的溶解度增加,导致更多的分子态或者离子态的阿特拉津在溶液中做无规则的运动,使得标准吸附熵变(ΔS^{θ})增大。标准吸附熵变(ΔS^{θ})的增大是促使阿特拉津在生物质炭土壤表面或者层间吸附的推动力。当阿特拉津的初始浓度较低时,阿特拉津主要通过离子交换作用被生物质炭土壤吸附。$\Delta S^{\theta} > 0$,这主要是在阿特拉津的吸附过程中,溶液中未被生物质炭土壤吸附的阿特拉津的熵变(ΔS^{θ})的增加大于被生物质炭土壤吸附的阿特拉津的熵变(ΔS^{θ})的减小值,因此标准吸附熵变(ΔS^{θ})为正值,这与未添加生物质炭的三种供试土壤研究结论基本一致。

5.3.7 生物质炭对阿特拉津在土壤中的吸附行为的影响机理

1. 三种生物质炭对阿特拉津在土壤中的吸附行为影响的差异

本书第 2 章中的研究结果表明,以木薯渣为前驱材料制备的生物质炭因具有多级孔隙结构、巨大的比表面积、较强的阳离子交换能力,以及高度芳香化和高度的稳定性,而使其具有很好的吸附性能。由第 3 章内容可知,生物质炭对阿特拉津的吸附能力随着制备温度的上升而逐渐增强,与生物质炭的表面特征具有较好的结构-效应关系。向砖红壤、水稻土和潮土中添加不同温度下制备的生物质炭后，其对阿特拉津的吸附量随着生物质炭的添加量的增加而逐渐增大。

根据表 5-3、表 5-6 和表 5-9，比较在平衡浓度为 5 mg/L 时，生物质炭土壤对阿特拉津的单点系数常数（K_d）值可知，在同一土壤中添加相同浓度水平的三种温度下制备的生物质炭时，随着生物质炭制备温度的升高，单点吸附常数（K_d）值逐渐增大，单点吸附常数（K_d）值最高相差达 1062 倍。由第 2 章的研究结论可知，这主要是木薯渣在 750 ℃下制备的生物质炭具有较大的比表面积和 CEC等，因此对有机污染物表现出较强的吸附性能。

同时比较在平衡浓度为 5 mg/L 时，生物质炭对生物质炭土壤吸附阿特拉津的贡献率可知，当在三种供试土壤中添加同一浓度水平且在同一温度下制备的生物质炭时，生物质炭对生物质炭土壤吸附阿特拉津的贡献率大小顺序为：砖红壤>水稻土>潮土。对于添加生物质炭后的砖红壤，生物质炭对其吸附阿特拉津的贡献率大于 62.4%，即在砖红壤中添加微量的生物质炭后，生物质炭土壤对阿特拉津的吸附占据主导地位，而水稻土和潮土在添加较高浓度的 MS350 和 MS750 后，生物质炭的吸附才占据主导地位，但添加 MS750 后的三种供试土壤中，生物质炭对生物质炭土壤吸附阿特拉津的贡献率大于 50%，此时生物质炭对阿特拉津的吸附占主导地位。在三种供试土壤中添加相同浓度生物质炭时，三种生物质炭对生物质炭土壤吸附阿特拉津贡献率大小顺序为：MS750>MS550>MS350，这主要是MS750 具有巨大的比表面积等特征，对有机污染物具有较强的吸附能力。而张健等研究[252]表明，当土壤中黑炭的添加量超过 0.5%时，黑炭占据了对菲的主导吸附，这表明生物质炭对有机物吸附占主导地位时的添加量大小与所吸附的有机污染物的性质有关，生物质炭是生物质炭土壤吸附有机污染物作用大小的关键因素。添加微量生物质炭（MS750）时三种供试土壤对阿特拉津的吸附亦具有较高的贡献率，这表明生物质炭和土壤有机质间对阿特拉津可能存在竞争吸附，生物质炭表面可能具有与阿特拉津分子间具有较强亲和力的结合位点。

阿特拉津在添加生物质炭后的砖红壤、水稻土和潮土上的吸附过程均能用Freundlich 模型进行较好的拟合，其相关性达显著水平（$p<0.05$）。比较阿拉特津在生物质炭土壤中吸附过程的 $1/n$ 值可知，在 0.1%～5%的生物质炭添加浓度范围内，各生物质炭土壤表征非线性特征的参数 $1/n$ 值无明显的变化规律，且并不是所有的 $1/n$ 值都是随着生物质炭的添加浓度的增加而降低的，这与王萍[253]对菲在添加黑炭土壤中的吸附行为基本一致，而与 Cui 等[102]的研究结论产生分歧，其研究表明，随着土壤中生物质炭的添加水平的升高，吸附等温线的非线性程度不断

上升。而 Langmuir 模型亦能较好地拟合生物质炭土壤对阿特拉津的等温吸附过程，这表明添加不同生物质炭后土壤对阿特拉津的吸附存在一定的异质性。

2. 影响机理分析

有机污染物在土壤中的环境行为已成为国内外研究的热点[102,254]。吸附解吸是污染物在土壤环境中迁移转化的重要环境行为。有学者认为，农药等有机污染物被土壤中有机质表面附着是吸附作用的主要过程。也就是说，有机物由高浓度向低浓度扩散时吸附等温线呈线性。此时土壤水溶液和土壤颗粒（主要是有机质）表面发生扩散交换过程（即吸附作用）。但上述观点被许多研究结果证实不全面。有机污染物在土壤中的吸附常出现非线性吸附现象，存在吸附解吸滞后效应[63]。而对于非线性吸附现象较为合理的是 Pignatello 等[45]和 Xing 等[67]提出的组合吸附理论。该理论根据土壤有机质内部的结构，将土壤有机质分为"玻璃态"和"橡胶态"两种，土壤中成玻璃态结构的有机质的结构较为致密，对有机物具有较高的吸附能力。而橡胶态有机质比玻璃态有机质具有更强的变形性和移动性。当温度升高到一定温度时，玻璃态有机质可以转化为橡胶态。玻璃态有机质对有机污染物的吸附主要包括扩散作用和孔洞填充两个过程[67]，玻璃态有机质上的"孔洞"具有较多的内在吸附位点，能够吸附更多的有机污染物分子，玻璃态有机质对有机污染物的吸附主要包括表面吸附和分配作用，其等温吸附曲线为非线性吸附曲线。而有机污染物在土壤橡胶态有机质上的吸附以分配作用为主，等温吸附曲线为线性吸附。

生物质炭属于黑炭的一种类型，是在完全或部分缺氧的条件下经高温热解将植物生物质炭化产生的一种高度芳香化难熔性固态物质[1]。其比土壤有机质拥有相对更加稳定的结构，以及更多的多孔结构和较大的比表面积，并对有机污染物拥有更大的吸附容量和吸附强度[255,256]。张燕等[243]的研究表明，木炭对土壤中的苄嘧磺隆具有较强的吸附能力，木炭的添加量越高，对苄嘧磺隆的吸附量越高。本书的研究表明，以木薯渣为前驱物在不同温度下制备的生物质炭在添加到三种供试土壤中后，可以提高三种供试土壤对阿特拉津的吸附能力，随着生物质炭添加水平的提高，生物质炭土壤对阿特拉津的吸附量增加。由于生物质炭土壤对阿特拉津的吸附等温线呈现非线性，这表明分配作用和表面吸附的联合是生物质炭土壤吸附阿特拉津的主要作用机理。生物质炭对阿特拉津的吸附机理是一种发生在炭化和未炭化生物质炭上的表面吸附和分配吸附的综合机理。在表面吸附的过程中，高比表面积和高芳香性的生物质炭含有不同的官能团和芳香 π 电子，可能与阿特拉津的分子或离子形成稳定的化学键，如氢键和 π—π 键[202,257,258]，可在一定程度上更好地解释生物质炭的非线性吸附现象。

由第 2 章研究内容可知，以木薯渣为前驱材料在不同裂解温度下制备的生物质炭的表面性质存在较大差异，在 750 ℃ 制备的生物质炭具有较大的比表面积（430.37 m²/g）、发达的孔隙结构（0.169 cm³/g）和较高的 CEC（213.23 coml/kg），这些特征使得在高温下（750 ℃）制备的生物质炭对有机污染物具有更强的吸附能力，其对阿特拉津的吸附常数 $\lg K_f$ 值为 8.890。以上特征均反映出不同温度下制备的生物质炭的表面性质存在差异，这种差异进而影响生物质炭对有机污染物的吸附能力。

3. 生物质炭对阿特拉津在土壤中解吸行为的影响机理

本研究中探讨了阿特拉津在生物质炭土壤中的吸附作用及解吸行为。在 24 h 内，虽然从吸附动力学曲线上看已达平衡状态，但实际上吸附是个长期的过程，且与解吸过程并存。因此，要综合分析生物质炭对阿特拉津的解吸迟滞行为。由前述实验分析可知，各生物质炭土壤处理对阿特拉津的吸附作用均存在着不同程度的吸附解吸迟滞现象。而且，随着生物质炭含量与迟滞效应呈现出较好的正相关性，这亦说明生物质炭是导致阿特拉津在所研究的几种农业土壤中吸附解吸迟滞效应出现的主要原因。这可能与已有研究提出的"微孔调节效应"理论有关。例如，生物质炭土壤中富含结构和大小不一的微孔，部分内部微孔没有开口，或存在一些延伸很浅的微孔，当其对阿特拉津发生高吸附作用时可能会导致微孔的结构发生变化；生物质炭的吸附剂与溶液接触时，吸附剂因膨胀而总体积将势必变化。土壤中添加生物质炭后新形成人工吸附剂中微孔数量及微孔体积与生物质炭添加量成正比关系，溶液中阿特拉津分子被生物质炭微孔所吸着，使解吸迟滞作用变得更强。

5.4　小　　结

（1）动力学研究结果表明：阿特拉津在生物质炭土壤中的吸附过程可以分为快速和缓慢两个阶段。在 24 h 后阿特拉津的吸附解吸逐渐达到吸附平衡，平衡溶液中阿特拉津浓度基本不变，吸附解吸速率减小。其吸附量和反应时间的关系可用伪二级动力学模型进行较好的描述，且相关系数达显著性水平（$p<0.05$）。

（2）Freundlich 模型对阿特拉津在生物质炭土壤上的吸附数据拟合结果均较好，吸附数据拟合均达极显著相关（$p<0.01$），生物质炭可提高供试农业土壤对阿特拉津的吸附性能，且可调控土壤的吸附等温线非线性程度。

（3）添加质量浓度分别为 0.1%、0.5%、1.0%、3.0%、5.0%的三种生物质炭提高了三种供试土壤对阿特拉津的吸附量，且随着三种生物质炭添加量的增加，吸附量逐渐增加。平衡浓度为 5 mg/L 时，在同一土壤中添加相同浓度水平的三种温度下制备的生物质炭时，随着生物质炭制备温度的升高，单点吸附常数（K_d）值逐渐增大，单点吸附常数（K_d）值最高相差达 1062 倍；生物质炭对生物质炭土壤吸附阿特拉津的贡献率大小顺序为：砖红壤>水稻土>潮土。

（4）添加生物质炭后的三种供试土壤对阿特拉津的解吸过程并非吸附的可逆过程，其吸附解吸过程具有明显的解吸迟滞效应，阿特拉津在添加不同浓度水平生物质炭的三种供试土壤上的滞后作用均为负滞后作用。

（5）吸附热力学分析表明，阿特拉津在所有生物质炭土壤样品中的吸附均为自发进行，为吸热反应，升温将促进吸附反应的进行。不同生物质炭土壤在所有温度条件下的吸附反应的标准自由能 $\Delta G^\theta <40$ kJ/mol，这表明阿特拉津在生物质炭土壤上的吸附是物理吸附。阿特拉津在添加不同浓度水平生物质炭的砖红壤、水稻土和潮土中的吸附作用力主要有氢键、离子和配位基交换、偶极间力和化学键。

（6）当在三种供试土壤中添加同一浓度水平且在同一温度下制备的生物质炭时，生物质炭对生物质炭土壤吸附阿特拉津的贡献率大小顺序为：砖红壤>水稻土>潮土。对于添加生物质炭后的砖红壤，生物质炭对其吸附阿特拉津的贡献率大于62.4%，即砖红壤中添加微量的生物质炭后，生物质炭土壤对阿特拉津的吸附占据主导地位，而水稻土和潮土在添加较高浓度的 MS350 和 MS750 后，生物质炭的吸附才占据主导地位，但添加 MS750 后的三种供试土壤中，生物质炭对生物质炭土壤吸附阿特拉津的贡献率大于 50%，此时生物质炭对阿特拉津的吸附占主导地位。在三种供试土壤中添加相同浓度生物质炭时，三种生物质炭对生物质炭土壤吸附阿特拉津贡献率大小顺序为：MS750>MS550>MS350。

（7）生物质炭土壤对阿特拉津的吸附过程包括表面吸附和分配作用两个过程。生物质炭表面的孔隙结构可能是产生解吸滞后效应的主要原因之一。生物质炭对土壤中阿特拉津有一定的固定作用，阿特拉津在被生物质炭土壤吸附后，解吸较为困难，因此可以降低阿特拉津在环境中迁移的生态风险。

第6章 老化态生物质炭土壤对阿特拉津吸附解吸行为的影响

6.1 引 言

生物质炭土壤的老化过程是指生物质炭进入土壤环境中，会同土壤环境中其他共存环境物质腐殖酸、无机矿物等发生相互作用，如表面覆盖、微孔堵塞和表面氧化等过程，在相互作用的过程中生物质炭表面性质发生改变，从而影响生物质炭土壤对农药的吸附锁定能力。Kwon 等的研究亦表明，老化作用可以降低沉积物–生物质炭体系的比表面和孔容[123]。余向阳等的研究表明，生物质炭土壤对敌草隆的吸附量随老化时间的延长而逐渐增加，且吸附老化时间越长，敌草隆越难被解吸出来[97]。Pignatello 等的研究表明，农药在土壤中的老化接触时间越长，吸附作用强度越大、其吸附量也越大，其解吸滞后效应越明显[45]。

在前述研究中表明，以木薯渣为前驱材料在不同温度下制备的生物质炭，因具有多孔结构和表面丰富的含氧官能团，使得生物质炭对阿特拉津具有较强的吸附能力，对土壤中有机农药的吸附解吸过程具有重要的影响，但生物质炭在土壤环境中长期滞留后是否仍然对农药具有较强的吸附能力尚待研究。就老化生物质炭对有机污染物的吸附作用的研究甚少。因此，本研究针对以上情况，重点考察老化时间对农药在生物质炭土壤中吸附解吸过程的影响。

6.2 材料与方法

6.2.1 供试材料

阿特拉津购自德国 DR. Ehrenstofer 公司（纯度>99.9%）；$CaCl_2$、NaN_3 为分析纯；其他有机溶剂均为 HPLC 级试剂；试验用水为 Spring-S60i+PALL 超纯水系统制备。

供试土壤：土壤类型为砖红壤和潮土，两种供试土壤的理化性质同 3.2.1 节。

6.2.2 主要仪器设备

HPLC 仪（Waters Alliance 2695）；人工振荡培养箱（ZDP-150 型，上海精宏实验设备有限公司）；高速冷冻离心机（Eppendorf, Centrifuge 5804R）；具程序控温功能马弗炉；旋转式摇床（江苏太仓仪器设备厂）。

6.2.3 试验设计与实施

1. 生物质炭土壤的制备

生物质炭土壤的制备方法同 5.2.3 节中方法。

2. 吸附解吸试验方法

本章中只探讨添加 MS750 的生物质炭土壤在不同老化时间对阿特拉津的吸附解吸特征。吸附试验参照 5.2.3 节中方法。称取一定量的添加 MS750 的生物质炭土壤置于 50 ml 的离心管中（根据预试验调整水土比，使阿特拉津在生物质炭土壤上的吸附量控制在加入量的 30%～80%）。对照土壤和含 0.1%、0.5%、1.0%、3.0% 和 5.0%生物质炭的土壤称样量分别为 2 g/管、1.5 g/管、1.0 g/管、0.5 g/管、0.2 g/管、0.2 g/管。并加入 15 ml、10 mg/L 的阿特拉津的 $CaCl_2$ 溶液。以上处理均做三个重复，同时设置空白对照。抑制微生物降解的方法同前。制备好的生物质炭土壤溶液在恒温振荡箱中（25±0.5）℃下，200 r/min 振荡培养，分别于试验后 0 d、1 d、5 d、15 d、30 d、45 d 和 60 d 取样。取出后以 5000 r/min 离心 5 min，过 0.45 μm 滤膜，采用 HPLC 法测定上清液中阿特拉津浓度，根据阿特拉津初始浓度和吸附平衡浓度按式（6-1）计算生物质炭土壤对阿特拉津的吸附量：

$$C_s = \frac{(C_0 - C_e)V}{m} \qquad (6\text{-}1)$$

式中，C_s 代表单位质量生物质炭土壤所吸附的阿特拉津总量（mg/kg）；C_0 为三种阿特拉津初始浓度（mg/L）；C_e 代表达到吸附解吸平衡时平衡溶液阿特拉津浓度（mg/L）；V 为平衡溶液体积（L）；m 为试验中生物质炭土壤质量（kg）。

吸附试验结束后，采用连续稀释解吸法，分别取吸附试验中 1 d、15 d、30 d 的样品进行连续解吸试验。离心后弃去上层清液，并再次加入等体积的不含阿特拉津的前述 $CaCl_2$ 和 NaN_3 溶液，继续于（25±0.5）℃条件下，200 r/min 振荡培养，分别于连续解吸后的 1 d、3 d、5 d、7 d 取样，5000 r/min 离心 5 min，取一定体积的上清液，过 0.45 μm 滤膜，测定上清液中阿特拉津含量。按式（6-2）计算解吸率：

$$\text{解吸率}(\%) = \frac{C_{w0} - C_{w4}}{C_{w0}} \times 100 \tag{6-2}$$

式中，C_{w0} 和 C_{w4} 分别为解吸试验前和 4 次解吸后土壤中吸附阿特拉津的量（mg/kg）。

3. 阿特拉津分析方法

阿特拉津采用 HPLC 法（WATRAS-2695，UV-2487 检测器）分析。具体方法同前。

6.2.4 数据处理与分析

实验数据由 SAS6.12 统计软件和 Microsoft Office Excel 2003 软件进行数据处理、图表制作与统计分析。

6.3 结果与分析

6.3.1 老化时间对吸附行为的影响

砖红壤和潮土中添加生物质炭 MS750 制备的生物质炭土壤对阿特拉津吸附量随老化时间变化情况见图 6-1。

从图 6-1 可知，随着生物质炭添加量的增加，两种生物质炭土壤对阿特拉津的吸附量逐渐增加，在吸附 1d 时，未添加生物质炭的砖红壤对阿特拉津的吸附量为 12.7 mg/kg，砖红壤中生物质炭添加量分别为 0.1%、0.5%、1%、3%和5%时，吸附阿特拉津量分别为 21.4 mg/kg、57.6 mg/kg、145.9 mg/kg、347.6 mg/kg、516.6 mg/kg；在吸附 1d 时，未添加生物质炭的潮土对阿特拉津的吸附量为 10.9 mg/kg，潮土中生物质炭添加量分别为 0.1%、0.5%、1%、3%和5%时，吸附阿特拉津量分别为 15.4 mg/kg、66.6 mg/kg、137.7 mg/kg、393.2 mg/kg、593.7 mg/kg。

由图 6-1 可知，在添加相同量的生物质炭时，随着老化时间的增加，生物质炭土壤对阿特拉津的吸附量不断增加，但增加幅度有所减小。生物质炭土壤吸附量增加幅度明显高于未添加生物质炭的土壤。砖红壤中添加生物质炭含量分别为 0.1%、0.5%、1%、3%和5%时，60 d 后的吸附量分别为 1 d 吸附量的 1.65 倍、1.81

倍、1.46 倍、1.87 倍和 1.43 倍，绝对吸附量较 1 d 分别增加了 13.8 mg/kg、46.5 mg/kg、66.9 mg/kg、301.8 mg/kg 和 222.2 mg/kg；潮土中添加生物质炭含量分别为 0.1%、0.5%、1%、3% 和 5% 时，60 d 后的吸附量分别为 1 d 吸附量的 1.31 倍、1.36 倍、1.38 倍、1.67 倍和 1.24 倍，绝对吸附量较 1 d 分别增加了 4.8 mg/kg、24.3 mg/kg、53.0 mg/kg、263.6 mg/kg 和 145.2 mg/kg。这表明阿特拉津分子在生物质炭土壤中被快速吸附后，随着阿特拉津溶液与生物质炭土壤颗粒的接触时间的延长，生物质炭仍然具备吸附阿特拉津分子的能力。

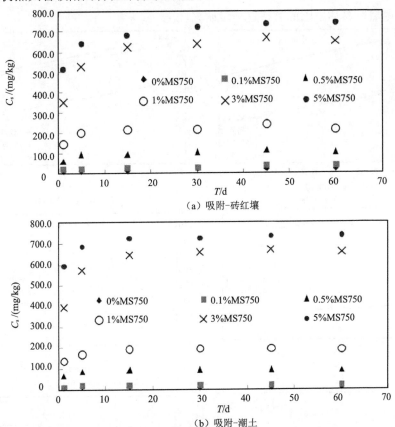

图 6-1　老化时间对生物质炭吸附阿特拉津的影响

6.3.2　老化时间对解吸行为的影响

阿特拉津在添加生物质炭后的砖红壤和潮土中经 1 d、15 d 和 30 d 吸附后的解吸率和解吸等温线分别如表 6-1、图 6-2 和图 6-3 所示。

由图 6-2 和图 6-3 可知，在添加相同含量生物质炭的砖红壤、潮土中，生物质炭土壤的解吸等温线随着老化进程而逐渐趋于平衡，这表明老化时间越长，阿特拉津与生物质炭的吸附接触时间越长,生物质炭土壤中的阿特拉津可解吸量越小。另外,土壤中生物质炭含量与阿特拉律解吸程度呈较好的相关性,生物质炭含量越大,阿特拉律越难解吸。由表 6-1 亦可知,砖红壤和潮土中生物质炭含量越高,解吸率越低。在两种土壤中添加的生物质炭比例大于 3% 时,解吸率均小于 3%。在相同老化时间,未添加生物质炭的土壤吸附阿特拉津后的解吸率明显高于添加生物质炭后的土壤。在生物质炭添加比例不高于 0.5% 时,砖红壤在 1 d 吸附、15 d 吸附和 30 d 吸附阿特拉津的解吸率显著大于潮土。但当添加比例为 1%～5% 时,情况则不尽然,具体原因尚有待进一步研究。

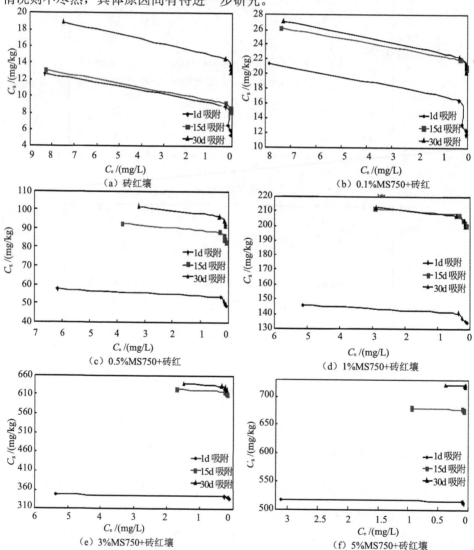

图 6-2　不同老化时间对阿特拉津在添加不同水平生物质炭砖红壤中解吸作用的影响

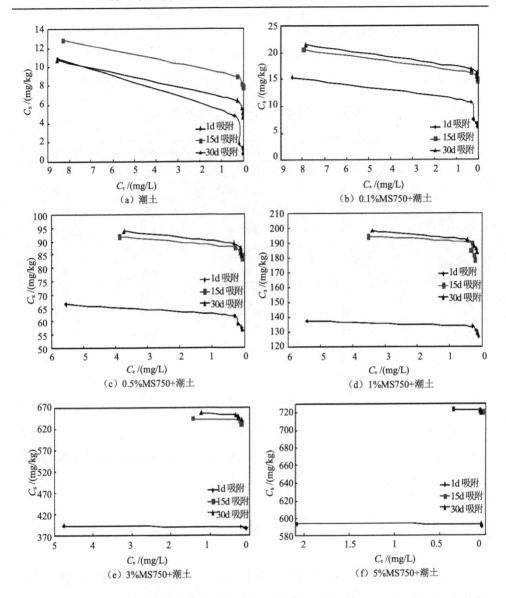

图 6-3　不同老化时间对阿特拉律在添加不同水平生物质炭潮土中解吸等温线

　　综上所述，生物质炭土壤与阿特拉津的吸附接触时间越长，阿特拉津越难从生物质炭土壤上解吸出来。根据 Pignatello 和 Xing 等提出的有机质扩散理论（第 5章）可知，有机污染物被致密的"玻璃态"区域吸附的速度慢于被无定型的"橡胶态"区域吸附速度。生物质炭是一种致密的具有较大的比表面积和多孔结构的高度芳香化难熔性固态物质。在第 2 章中重点探讨了以木薯渣为前驱材料在不同温度下制备的生物质炭的表面性质，在 750 ℃下制备的生物质炭比表面积为 430.37 m²/g，CEC 为 213.23 cmol/kg。土壤中添加生物质炭后的比表面积和微孔数量增大，可增加人工吸附剂中"玻璃态"区域的总体积，提高土壤对阿特拉律的吸附性能。

表 6-1　不同老化时间吸附阿特拉津的解吸率

土壤类型	生物质炭含量/%	解吸率/%		
		1d 吸附	15 d 吸附	30 d 吸附
砖红壤	0	57.52	36.93	31.38
	0.1	44.78	21.16	25.00
	0.5	15.36	10.57	10.21
	1	8.09	5.56	6.15
	3	2.94	2.13	2.45
	5	1.03	0.67	0.45
潮土	0	92.86	39.15	57.14
	0.1	60.38	28.89	30.99
	0.5	15.33	9.13	9.99
	1	7.62	8.22	7.44
	3	1.91	2.03	2.52
	5	0.51	0.38	0.51

根据 Pignatello 等提出的"微孔调节效应"理论可知，造成吸附解吸迟滞效应的主要原因可归结于"微孔调节效应"。这可能也是造成本书研究中阿特拉津解吸迟滞的主要原因。

6.4　小　　结

（1）添加生物质炭后的砖红壤和潮土对阿特拉津的吸附随着老化时间的延长，吸附量逐渐增加，但增加幅度随着老化时间的延长而逐渐减小。

（2）砖红壤中添加生物质炭含量分别为 0.1%、0.5%、1%、3%和5%时，60 d 后的吸附量分别为 1 d 吸附量的 1.65 倍、1.81 倍、1.46 倍、1.87 倍和 1.43 倍，绝对吸附量较 1 d 分别增加了 13.8 mg/kg、46.5 mg/kg、66.9 mg/kg、301.8 mg/kg 和 222.2 mg/kg；潮土中添加生物质炭含量分别为 0.1%、0.5%、1%、3%和5%时，60 d 后的吸附量分别为 1 d 吸附量的 1.31 倍、1.36 倍、1.38 倍、1.67 倍和 1.24 倍，绝对吸附量较 1 d 分别增加了 4.8 mg/kg、24.3 mg/kg、53.0 mg/kg、263.6 mg/kg 和

145.2 mg/kg。

（3）老化时间越长，阿特拉津与生物质炭的吸附接触时间越长，生物质炭土壤中的阿特拉津可解吸量越少。土壤中生物质炭含量越高，生物质炭土壤吸附阿特拉津后的解吸则越困难。

参 考 文 献

[1] Antal M J，Gronli M. The art，science and technology of charcoal production[J]. Industrial and Engineering Chemistry Research，2003，42(8)：1619-1640.

[2] Zimmerman A R. Abiotic and microbial oxidation of laboratory-produced black carbon(biochar) [J]. Environmental Science Technology，2010，44(4)：1295-1301.

[3] Marris E. Black is the new green[J]. Nature，2006，442(7103)：624-626.

[4] Lehmann J. A handful of carbon[J]. Nature，2007，447(10)：143-144.

[5] Yu X Y，Ying G G，Kookana R S. Reduced plant uptake of pesticides with biochar additions to soil[J]. Chemosphere，2009，76(6)：665-671.

[6] Spokas K A，Koskinen W C，Baker J M，et al. Impacts of woodchip biochar additions on greenhouse gas production and sorption/degradation of two herbicides in a Minnesota soil[J]. Chemosphere，2009，77(4)：574-581.

[7] Woolf D，Amonette J E，Street-Peroott F A，et al. Sustainable biochar to mitigate global climate change[J]. Nature Communications，2010，1(3)：118-124.

[8] Laird D A. The charcoal vision：A win-win-win scenario for simultaneously producing bioenergy，permanently sequestering carbon，while improving soil and water quality[J]. Agronomy Journal，2008，100(1)：178-181.

[9] Glaser B，Parr M，Braun C，et al. Biochar is carbon negative[J]. Nature Geoscience，2009，2(1)：2.

[10] 张旭东，梁超，诸葛玉平，等. 黑炭在土壤有机碳生物地球化学循环中的作用[J]. 土壤通报，2003，34(4)：349-355.

[11] Liang B，Lehmann J，Solomon D，et al. Black carbon increases cation exchange capacity in soils[J]. Soil Science Society of America Journal，2006，70(5)：1719-1730.

[12] Rebecca R. Rethinking biochar[J]. Environmental Science & Technology，2007，41(17)：5932-5933.

[13] Cornelissen G，Gustafsson Ö. Sorption of phenanthrene to environmental black carbon in sediment with and without organic matter and native sorbates[J]. Environmental Science & Technology，2004，38(1)：148-155.

[14] Cao X D，Ma L N，Liang Y，et al. Simultaneous immobilization of lead and atrazine

in contaminated soils using dairy-manure biochar[J]. Environmental Science & Technology, 2011, 45(11): 4884-4889.

[15] 何绪生，耿增超，佘雕，等. 生物炭生产与农用的意义及国内外动态[J]. 农业工程学报，2011，27(2)：1-7.

[16] Solomon K R, Baker D B, Richards R P, et al. Ecological risk assessment of atrazine in North American surface waters[J]. Environmental Toxicology and Chemistry, 1996, 15(1): 31-76.

[17] Nriagu J O, Pacyna J M. Quantitative assessment of worldwide contamination of air, water and soils by trace metals[J]. Nature, 1988, 333(6169): 134-139.

[18] 林玉锁，徐亦钢，石利利，等. 农药环境污染事故调查诊断方法研究[J]. 污染防治技术，1998，11(3)：137-144.

[19] 李清波，黄国宏，王颜红，等. 阿特拉津生态风险及其检测和修复技术研究进展[J]. 应用生态学报. 2002, 13(5)：625-628.

[20] U S Department of Health and Human Services, Public Health Service. Toxicological Profile for Atrazine[M]. Atlanta: Agency for Toxic Substances and Disease Registry, 2003.

[21] 陈芳艳，耿文英，唐玉斌. 电化学氧化法降解内分泌干扰物阿特拉津的研究[J]. 水处理技术，2010，36(5)：89-92.

[22] Assaf N A, Turco R F. Influence of carbon and nitrogen application on the mineralization of atrazine and its metabolites in soil[J]. Pesticide Science, 1994, 41(1): 41-47.

[23] Corporation C G. Summary of Toxicological Data of Atrazine and its Chlorotriazine Metabolites[P]. Attachment 12, 56FR3526, Ciba-Geigy, 1993.

[24] 万年升，顾继东，段舜山. 阿特拉津生态毒性与生物降解的研究[J]. 环境科学学报，2006，26(4)：552-560.

[25] Thurman E M, Goolsby D A, Meyer M T, et al. A reconnaissance study of herbicides and their metabolites in surface water of the midwestern United States using immunoassay and gas chromatography/mass spectrometry[J]. Environmental Science & Technology, 1992, 26(12): 2440-2447.

[26] Belluck D A, Benamin S, Dawson T. Groundwater contamination by atrazine and its metabolites[C]//ACS Symposium Series-American Chemical Society(USA). 1991, 259(6): 539-552.

[27] Nations B K, Hallberg G R. Pesticides in Iowa precipitation[J]. Journal of Environmental Quality, 1992, 21(3): 486-492.

[28] Bester K, Hühnerfuss H, Neudorf B, et al. Atmospheric deposition of trazine herbicides in North Germany and Germany Bight[J]. Chemosphere, 1995, 30(9): 1639-1653.

[29] Kolpin D W, Barbash J E, Gilliom R J. Occurrence of pesticides in shallow groundwater of the United States Initial results from the National Water-Quality Assessment Program[J].

Environmental Science & Technology，1998，32(5)：558-566.

[30] Mandelbaum R T，Wackett L P，Allan D L. Rapid hydrolysis of atrazine to hydroxy-artrazine by soil bacteria[J]. Environmental Science & Technology，1993，27(9)：1943-1946.

[31] Buser H R. Atrazine and other s-triazine herbicides in lakes and in rain in Switzerland[J]. Environmental Science & Technology，1990，24(7)：1049-1058.

[32] 崔婧，高乃云，汪力，等.UV-H₂O₂工艺降解饮用水中阿特拉津的试验研究[J]. 中国给水排水，2006，22(5)：43-51.

[33] 金焕荣，段志文，张越，等. 阿特拉津的遗传毒性研究[J]. 工业卫生与职业病，1999，25(6)：341-343.

[34] Chapin R E，Stevens J T，Hughes C L，et al. Atrazine Mechanism of hormonal in balance in female SD rats[J]. Funda Appl Toxicol，1996，29(1)：1-17.

[35] Hincapié M，Maldonado M I，Oller I，et al. Solar photocatalytic degradation and detoxification of EU priority substances[J]. Catalysis Today，2005，101(3)：203-210.

[36] Munger R，Isacson P，Hu S，et al. Intrauterine growth retardation in lowa communities with herbicide-contaminated drinking water supplies[J]. Environmental Health Perspectives，1997，105(3)：308-314.

[37] Susanne W A. Sensitive Enzyme Immunoassay for the Detection of Atrazine Based upon Sheep，Antibodies Analytical Letters[M]. Toronto：Academic Press Inc，1992：1317-1408.

[38] Lu X，Reible D D，Fleeger J W. Bioavailability and assimilation of sediment-associated benzo[a] pyrene by Hyodrilus tampletoni(oligochaeta)[J]. Environmetal Toxicology and Chemistry，2004，23(1)：57-64.

[39] Lu X，Reible D D，Fleeger J W. Bioavailability of polycyclic aromatic hydrocarbons in field-contaminated Anacostia River(Washington，DC) sediment[J]. Environmetal Toxicology and Chemistry，2006，25(11)：2869-2874.

[40] Kreitinger J P，Quiones-Rivers A，Neuhauser E F，et al. Supercritical carbon dioxide extraction as a predictor of polycyclic aromatic hydrocarbon bioaccumulation and toxicity by earthworm in manufactured-gas plant site soils[J]. Environmetal Toxicology and Chemistry，2007，26(9)：1809-1817.

[41] Kan A T，Fu G，Hunter M，et al. Irreversible sorption of neutral hydrocarbons to sediments：experimental observations and model predictions[J]. Environmental Science & Technology，1998，32(7)：892-902.

[42] Chen W，Kan A T，Tomson M B. Irreversible adsorption of chlorinated benzenes to natural sediments-implication for sediment quality criteria[J]. Environmental Science & Technology，2000，34(3)：4250-4251.

[43] Carroll K M，Harkness M R. Application of permeant/polymer diffusional model to the desorption

of polychlorinated biphenyls from Hudson River sediments. Reply to comments[J]. Environmental Science & Technology，1995，29(1)：285-285.

[44] Farrell J，Reinhard M. Desorption of halogenated organics from model solids，sediments，and soil under unsaturated conditions. 2. Kinetics[J]. Environmental Science & Technology，1994，28(1)：63-72.

[45] Pignatello J J，Xing B S. Mechanism of slow sorption of organic chemicals to natural particles[J]. Environmental Science and Technology，1996，30(1)：1-11.

[46] Koelmans A A，Jonker M T O，Cornelissen G，et al. Black carbon：The reverse of its dark side[J]. Chemosphere，2006，63(3)：365-377.

[47] 朱利中. 土壤及地下水有机污染的化学与生物修复[J].环境科学进展，1999，7(2)：65-71.

[48] 王晓蓉，吴顺年，李万山，等. 有机粘土矿物对污染环境修复的研究进展[J]. 环境化学，1997，16(l)，1-13.

[49] Chiou C T. Soil sorption of organic pollutants and pesticides[J]// Meyers R A. Encyclopedia of Environmental Analysis and Remediation. New York：Wiley and Sons Inc，1998.

[50] Karickhoff S W，Brown D S，Scott T A. Sorption of hydrophobic pollutants on natural sediments[J]. Water Research. 1979，13(3)：241-248.

[51] Means J C，Wood S G，Hassett J J，et al. Sorption of polynuclear aromatic hydrocarbons by sediments and soils[J]. Environmental Science & Technology，1980，14(12)：1524-1528.

[52] Lambert S M，Porter P E，Schieferstein R H. Movement and sorption of chemicals applied to soil[J]. Weeds，1965，13(3)：185-190.

[53] Swoboda A R，Thomas G W. Movement of Parathion in soil columns[J]. Journal of Agricultural and Food Chemistry. 1968，16(6)：923-927.

[54] Chiou C T，Peters L J，Fried V H. A Physical concept of soil-watra equilibria for nonionic organic compounds[J]. Science，1979，2064420：831-832.

[55] Chiou C T，Rutherford D W，Manes M. Sorption of N_2 and EGBE vapors on some soils，clays，and minerals oxides and determination of sample surface area by use of sorption data[J]. Environmental Science & Technology，1993，27(8)：1587-1594.

[56] Chiou C T，Lee J F，Boyd S A. The surface area of soil organic matter[J]. Environmental Science & Technology，1990，24(8)：1164-1166.

[57] Chiou C T，Lee J F，Boyd S A. Correspondence reply to comment on "The surface area of soil organic matter"[J]. Environmental Science & Technology，1992，26(2)：404-406.

[58] Schwarzenbach R P，Westall J. Transport of nonpolar organic compounds from surface watra to groundwatra：Laboratory sorption studies[J]. Environmental Science & Technology，1981，15(11)：1360-1367.

[59] Rutherford D W，Chiou C T，Kile D E. Influence of soil oganic matter composition on the

partition of organic compounds[J]. Environmental Science & Technology, 1992, 26(2): 336-340.

[60] Kile D E, Chiou C T, Zhou H, et al. Partition of nonpolar organic pollutants from water to soil and sediment organic matters[J]. Environmental Science & Technology, 1995, 29(5): 1401-1406.

[61] Schellenberg K, Leuenberger C, Schwarzenbach R P. Sorption of chlorinated phenols by natural sediments and aquifer materials[J]. Environmental Science & Technology, 1984, 18(9): 652-657.

[62] Chiou C T, Shoup T D, Porte P E. Mechanistic roles of soil humus and minerals in the sorption of nonionic organic compounds from aqueous and organic solutions[J]. Organic Geochemistry. 1985, 8(1): 9-14.

[63] Xing B, Pignatello J J, Gigliotti B. Competitive sorption between atrazine and other organic compounds in soils and model sorbents[J]. Environmental Science & Technology, 1996, 30(8): 2432-2440.

[64] Huang W, Yong T M, Schlautman M A, et al. A distributed reactivity model for sorption by soils and sediments.9.General isotherm nonlinearity and applicability of the dual reactive domain model[J]. Environmental Science & Technology, 1997, 32(22): 3549-3555.

[65] Xia G, Ball W P. Adsorption-partitioning uptake of nine low-polarity organic chemicals on a natural sorbent[J]. Environmental Science & Technology, 1999, 33(2): 262-269.

[66] Miller C T, Pedit J A. Use of a reactive surface-diffusion model to deseribe apparent sorption-desorption hysteresis and abiotic degradation of lindane in a subsurface material[J]. Environmental Science & Technology, 1992, 26(7): 1417-1427.

[67] Xing B, Pignatello J J, Gigliotti B. Response to comment on: "Competitive sorption between atrazine and other organic compounds in soils and model sorbents" [J]. Environmental Science & Technology, 1997, 31(5): 1578-1579.

[68] 陈迪云, 谢文彪, 吉莉, 等. 混合有机污染物在土壤中的竞争吸附研究[J]. 环境科学, 2006, 27(7): 1377-1382.

[69] Xia G, Ball W P. Poanyi-based models for the competitive sorption of low-polarity organic contaminants on a natural sorbent[J]. Environmental Science & Technology, 2000, 34(7): 1246-1253.

[70] Lee D Y, Farmer W J. Dossolved organic matter interaction with napropamide and four other nonionic pesticides[J]. Journal of Environmental Quality, 1989, 18(4): 468-474.

[71] Murray M R, Hall J K. Sorption-desorption of dicamba and 3, 6-dichlorosalicylic acid in soils[J]. Journal of Environmental Quality, 1989, 18(1): 51-57.

[72] 杨坤. 表面活性剂对有机污染物在土壤/沉积物上吸附行为的调控机理[D]. 杭州: 浙江大

学，2004.

[73] Xing B，Pignatello J J. Dual-mode sorption of low-polarity compounds in glassy poly(vinyl chloride) and soil organic matter[J]. Environmental Science & Technology，1997，31(3)： 792-799.

[74] Xing B，Pignatello J J. Gigliotti B. Competitive sorption between Atrazine and Other Organic Compounds in Soils and Model Sorbents[J]. Environmental Science & Technology，1996，30(8)： 2432-2440.

[75] Xing B. Sorption of naphthalene and phenanthrene by soil humic acids[J]. Environmental Pullution，2001，111(2)： 303-309.

[76] Yang Y N，Sheng G Y. Enhanced pesticide sorption by soils containing particulate matter from crop residue burns[J]. Environmental Science & Technology，2003，37(16)： 3635-3639.

[77] Joseph S D，Camps-arbestain M，Lin Y，et al. An investigation into the reactions of biochar in soil[J]. Australian Journal of Soil Research，2010，48(7)： 501-515.

[78] Yuan J H，Xu R K，Zhang H. The forms of alkalis in the biochar produced from crop residues at different temperatures[J]. Bioresource Echnology，2011，102(3)： 3488-3497.

[79] Xiao B H，Yu Z Q，Huang W L，et al. Black Carbon and Kerogen in Soils and Sediments. 2. Their Roles in Equilibrium Sorption of Less-Polar Organic Pollutants[J]. Environmental Science & Technology，2004，38(22)： 5842-5852.

[80] Lohmann R，MacFarlan J K，Gschwend P M. Importance of black carbon to sorption of native PAHs，PCBs，and PCDDs in Boston and New York harbor sediments[J]. Environmental Science & Technology，2005，39(1)： 141-148.

[81] Schaefer A. Does super sorbent soot control PAH fate[J]. Environmental Science & Technology，2001，35(1)： 10A.

[82] Cornelissen G，Gustaffon Ö，Bucheli T，et al. Extensive sorption of organic compounds to black carbon，coal，and kerogen in sediments and soils：Mechanisms and consequences for distribution，bioaccumulation，and biodegradation[J]. Environmental Science & Technology，2005，39(18)： 6881-6895.

[83] Chun Y，Sheng G Y，Chou C T，et al. Compositions and sorptive properties of crop residue-derived chars[J]. Environmental Science & Technology，2004，38(17)： 4649-4655.

[84] Braida W J，Pignatello J J，Lu Y F，et al. Sorption hysteresis of benzenein chareoal particles[J]. Environmental Science & Technology，2003，37(2)： 409-417.

[85] Zhu，D，Hyun S，Pignatello J J，et al. Evidence for π-π electron donor-acceptor interactions between-donor aromatic compounds and π-acceptor sites in soil organic matter though pH effects on sorption[J]. Environmental Science & Technology，2004，38(16)： 4361-4368.

[86] Zhu D Q，Kwon S，Pignatello J J. Adsorption of single-ring organic compounds to wood charcoals

prepared under different thermochemical conditions[J]. Environmental Science & Technology，2005，39(11)，3990-3998.

[87] Hilton H W，Yuen Q H. Adsorption of several Preemergence herbicides by Hawaiian sugar cone soils[J]. Journal of Agriculture and Food Chemisty，1963，11(3)：230-234.

[88] Zhang P，Sheng G Y，Wolf D C，et al. Reduced biodegradation of benzonitrile in soil containing wheat-residue-derived ash[J]. Journal of Environmental Quality，2004，33(3)：868-872.

[89] Sheng G，Yang Y，Huang M，et al. Influence of pH on pesticide sorption by soil containing wheat residue derived char[J]. Environmental Pollution，2005，134(3)：457-463.

[90] Sobek A，Stamm N，Bucheli T D. Sorption of phenyl urea herbicides to black carbon[J]. Environmental Science & Technology，2009，43(21)：8147-8152.

[91] Kookana R S.The role of biochar in modifying the environmental fate，bioavailability，and efficacy of pesticides in soils：A review[J]. Australian Journal of Soil Research，2010，48(7)：627-637.

[92] Hilber I，Wyss G S，Mäder P. Influence of activated charcoal amendment to contaminated soil on dieldrin and nutrient uptake by cucumbers[J]. Environmental Pollution，2009，157(8)：2224-2230.

[93] Wang H，Lin K，Hou Z，et al. Sorption of the herbicide terbuthylazine in two New Zealand forest soils amended with biosolids and biochars[J]. Journal of Soils and Sediments，2010，10(2)：283-289.

[94] 张耀斌，刘建秋，赵雅芝，等. 黑碳对沉积物和土壤中乙草胺吸附作用[J]. 大连理工大学学报，2010，50(1)：26-30.

[95] Yang X B，Ying G G，Peng P. Influence of biochars on plant uptake and dissipation of two pesticides in an agricultural soil[J]. Journal of Agricultural and Food Chemistry，2010，58(13)：7915-7921.

[96] Yu X Y，Pan L G，Ying G G，et al. Enhanced and irreversible sorption of pesticide pyrinethanil by soil amended with biochars[J]. Journal of Environmental Sciences，2010，22(4)：615-620.

[97] 余向阳，王冬兰，母昌立，等. 生物质炭对敌草隆在土壤中的慢吸附及其对解吸行为的影响[J]. 江苏农业学报，2011，27(5)：1011-1015.

[98] Zhang G X，Zhang Q，Sun K，et al. Sorption of simazine to corn straw biochars prepared at different pyrolytic temperatures[J]. Environmental Pollution，2011，159(10)：2594-2601.

[99] 王廷廷，余向阳，沈燕，等. 生物质炭施用对土壤中氯虫苯甲酰胺吸附及消解行为的影响[J]. 环境科学，2012，33(4)：1339-1345.

[100] Sander M，Pignatello J J. Characterization of charcoal adsorption sites for aromatic compounds：Insights drawn from single-solute and bi-solute competitive experiments[J]. Environmental Science & Technology，2005，39(6)：1606-1615.

[101] Chen B L，Zhou D D，Zhu L Z. Transitional adsorption and partition of nonpolar and polar aromatic contaminants by biochars of pine needles with different pyrolytic temperatures[J]. Environmental Science & Technology，2008，42(14)：5137-5143.

[102] Cui X Y，Wang H L，Lou L P，et al. Sorption and genotoxicity of sediment-associated pentachlorophenol and pyrene influenced by crop residue ash[J]. Journal of soils sediments，2009，9(6)：604-612.

[103] 曹启民，陈桂珠，缪绅裕. 多环芳烃的分布特征及其与有机碳和黑碳的相关性研究[J]. 环境科学学报，2009，29(4)：861-868.

[104] Li R J，Wen B，Zhang S Z，et al. Influence of organic amendments on the sorption of pentachlorophenol on soils[J]. Journal of Environmental Seiences China，2009，21(4)：474-480.

[105] Chen B L，Chen Z M. Sorptionof naphthalene and1-naphthol by biocharsof orange peels with different pyrolytic temperatures[J]. Chemosphere，2009，76(1)：127-133.

[106] 曹心德，贾金平. 基于农业固体废物的生物碳诱导钝化修复污染水体与土壤[C]. 第五届全国环境化学大会摘要集，2009.

[107] 齐亚超，张承东，王贺，等. 黑碳对土壤和沉积物中菲的吸附解吸行为及生物可利用性的影响[J]. 环境化学，2010，29(5)：848-855.

[108] Chen B L，Yuan M X. Enhanced sorption of polycyclic aromatic hydrocarbons by soil amended with biochar[J]. Journal of Soils and Sediments，2011，11(1)：62-71.

[109] Jones D L，Edwards-jones G，Murphy D V. Biochar mediated alterations in herbicide breakdown and leaching in soil[J]. Soil Biology and Biochemistry，2011，43(4)：804-813.

[110] Amstaetter K，Eek E，Cornelissen G. Sorption of PAHs and PCBs to activated carbon：Coal versus biomass-based quality[J]. Chemosphere，2012，87(5)：573-578.

[111] Wang S L，Tzou Y M，Lu Y H，et al. Removal of 3-chlorophenol from watra using rice-straw-based carbon[J]. Journal of Hazardous Matraials，2007，147(1-2)：313-318.

[112] Lou L，Wu B，Wang L，et al. Sorption and ecotoxicity of pentachlorophenol polluted sediment amended with rice-straw derived biochar[J]. Bioresource Technology，2011，102(5)：4036-4041.

[113] Zhang P，Sheng G Y，Feng Y H，et al. Predominance of char sorption over substrate concentration and soil pH in influencing biodegradation of benzonitrile[J]. Biodegradation，2006，17(1)：1-8.

[114] 花莉，陈英旭，吴伟，等. 生物质炭输入对污泥施用土壤-植物系统中多环芳烃迁移的影响[J]. 环境科学，2009，30(8)：2419-2424.

[115] Beesley L，Moreno-Jiménez E，Gomez-Eyles J L. Effects of biochar and greenwaste compost amendments on mobility，bioavailability and toxicity of inorganic and organic contaminants in a multielement poiiuted soil[J]. Environmental Pollution，2010，158(6)：2282-2287.

[116] Nguyen T H, Brown R A, Ball W P. An evaluation of thermal resisitance as ameasure of black carbon conetent in diesel soot, wood char, and sediment[J]. Organic Geochemistry, 2004, 35(3): 217-234.

[117] Gustafsson O, Gschwend P M. Soot as a strong partition medium for polycyclic aromatic hydrocarbons in aquatic systems[J]. Molecular Markers in Environmental Geochemistry, 1997, 671: 365-381.

[118] Michiel T O, Albertat A. Sorption of polycyclic aromatic hydrocarbons and polychlorinated biphenyls to soot and soot-like matraials in the aqueous environment : Mechanistic considerations[J]. Environmental Science & Technology, 2002, 36(17): 3725-3734.

[119] Cornelissen G, Elmquist M, Groth I, et al. Effect of sorbate planarity on environmental black carbon sorption[J]. Environmental Science & Technology, 2004, 38(13): 3574-3580.

[120] 陈宝梁, 周丹丹, 朱利中, 等. 生物碳质吸附剂对水中有机污染物的吸附作用及机理[J]. 中国科学（B 辑：化学）, 2008, 38(6): 530-537.

[121] Bagreev A, Bandosz T J, Locke D C. Pore structure and surface chemistry of adsorbents obtained by pyrolysis of sewage sludge-derived fertilizer[J]. Carbon, 2001, 39(13): 1971-1977.

[122] Chan K Y, Van Zwieten L, Meszaros I, et al. Agronomic values of greenwaste biochar as a soil amendment[J]. Australian Journal of Soil Research, 2007, 45(8): 629-634.

[123] Kwon S, Pignatello J J. Effect of natural organic substances on the surface and adsorptive properties of environmental black carbon (char): Pseudo pore blockage by model lipid components and its implications for N2-probed surface properties of natural sorbents[J]. Environmental Science & Technology, 2005, 39(20): 7932-7939.

[124] Brodowski S, John B, Flessa H, et al. Aggregate-occluded black carbon in soil[J]. European Journal of Soil Science, 2006, 57(4): 539-546.

[125] Yanai Y, Toyota K, Okazaki M. Effects of charcoal addition on N2O emmisions from soil resulting from rewetting air-dried soil in shirt-term laboratory experiments[J]. Soil Science and Plant Nutrition, 2007, 53(2): 181-188.

[126] Glaser B, Guggenberger G, Zech W. Past anthropogenic influence on the present soil properties of anthropogenic dark earths(Terra Preta) in Amazonia (Brazil)[J]//Glaser B, Woods W. Amazônian Dark Earths. Heidelberg: Springer, 2004.

[127] Asai H, Samson B K, Stephan H M, et al. Biochar amendment techniques for upland rice production in Northern Laos 1. Soil physical properties, leaf SPAD and grain yield[J]. Field Crops Research, 2009, 111(1-2): 81-84.

[128] Brockhoff S R, Christians N E, Killorn R J, et al. Physical and Mineral-Nutrition Properties of Sand-Based Turfgrass Root Zones Amended with Biochar[J]. Agronomy Journal, 2010, 102(6): 1627-1631.

[129] Busscher W J，Novak J M，Evans D E，et al. Influence of Pecan Biochar on Physical Properties of a Norfolk Loamy Sand[J]. Soil Science，2010，175(1)：10-14.

[130] 傅秋华，张文标，钟泰林，等. 竹炭对土壤性质和高羊茅生长的影响[J]. 浙江林学院学报，2004，21(2)：159-163.

[131] Baldock J A，Smernik R J. Chemical composition and bioavailability of thermally altered Pinus resinosa (red pine) wood[J]. Organic Geochemistry，2002，33(9)：1093-1109.

[132] Lehmann J，Gaunt J，Rondon M. Bio-char sequestration in terrestrial ecosystems-a review[J]. Mitigation and Adaption Strategies for Global Change，2006，11(2)：395-419.

[133] Lehmann J. Bio-energy in the black[J]. Frontiers in Ecology and the Environment，2007，5(7)：381-387.

[134] Brady N C，Weil R R. The Nature and properties of soils[M]. 13th edition. Upper Saddle River，N J：Prentice Hall，2002.

[135] 钟哲科，李伟成，刘玉学，等. 竹炭的土壤环境修复功能[J]. 竹子研究汇刊，2009，28(3)：5-9.

[136] Van Zwieten L，Kimber S，Morris S，et al. Effects of biochar from slow pyrolysis of papermill wasteon agronomic performance and soilfertility[J]. Plant Soil，2010，327(1/2)：235-246.

[137] Kishimoto S，Sugiura G. Charcoal as a soil conditioner[J]. Int Achieve Future，1985，5：12-23.

[138] 李力，刘娅，陆宇超，等. 生物炭的环境效应及其应用的研究进展[J]. 环境化学，2011，30(8)：1411-1421.

[139] 张阿凤，潘根兴，李恋卿. 生物黑炭及其增汇减排与改良土壤意义[J]. 农业环境科学学报，2009，28(12)：2459-2463.

[140] Lehmann J，Kern D C，Glaser B. Amazonian dark earths：origin properties management[J]. Dordrecht：Kluwer Academic Publishers，2003：125-139.

[141] 邱敬，高人，杨玉盛，等. 土壤黑碳的研究进展[J]. 亚热带资源与环境学报，2009，4(1)：88-94.

[142] Tryon E. Effect of charcoal on certain physical，chemical，and biological properties of forest soils[J]. Ecological Monographs，1948，18(1)：81-115.

[143] Hoshi T. A practical study on bamboo charcoal use to tea trees[J]. Report on Research by Project，2001，13：1-47.

[144] Glaser B，Haumaier L，Guggenberger G，et al. The 'Terra Preta' phenomenon：A model for sustainable agriculture in the humid tropics[J]. Naturwissenschaften，2001，88(1)：37-41.

[145] 郭伟，陈红霞，张庆忠，等. 华北高产农田施用生物质炭对耕层土壤总氮和碱解氮含量的影响[J]. 生态环境学报，2011，20(3)：425-428.

[146] DeLuca T H，Gundale M D，Holben M J，et al. Wildfire-produced charcoal directly influences

nitrogen cycling in ponderasa pine forests[J]. Soil Science Society of America Journal，2006，70(2)：448-453.

[147] 张晗芝，黄云，刘钢，等. 生物炭对玉米苗期生长、养分吸收及土壤化学性状的影响[J]. 生态环境学报，2010，19(11)：2713-2717.

[148] Lairda D，Fleming P，Wang B Q，et al. Biochar impact on nutrient leaching from a mid-western agricultural soil[J]. Geoderma，2010，158(3/4)：436-442.

[149] 黄超，刘丽君，章明奎. 生物质炭对红壤性质和黑麦草生长的影响[J]. 浙江大学学报，2011，37(4)：439-445.

[150] 李学垣. 土壤化学[M]. 北京：高等教育出版社，2001.

[151] 陈怀满，郑春荣，周东美，等. 土壤中化学物质的行为与环境质量[M]. 北京：科学出版社，2002.

[152] Jha P，Biswas A K，Lakaria B L，et al. Biochar in agriculture-prospects and related implications[J]. Current Science，2010，99(9)：1218-1225.

[153] Uchimiya M，Lima I M，Klasson K T，et al. Immobilization of Heavy Metal Ions (Cu-II，Cd-II，Ni-II，and Pb-II) by Broiler Litter-Derived Biochars in Watra and Soil[J]. Journal of Agricultural and Food Chemistry，2010，58(9)：5538-5544.

[154] Silber A，Levkovitch I，Graber E R. pH-Dependent Mineral Release and Surface Properties of Cornstraw Biochar：Agronomic Implications[J]. Environmental Science & Technology，2010，44(24)：9318-9323.

[155] Glaser B，Haumaier L，Guggenberger G，et al. Black carbon in soils：The use of benzenecarboxylic acids as specific markers[J]. Organic Geochemistry，1998，29(4)：811-819.

[156] Saito M，Marumoto T. Inoculation with arbuscular mycorrhizal fungi：The status quo in Japan and the future prospects[J]. Plant and Soil，2002，244(1)：273-279.

[157] Warnock D D L J，Kuyper T W，Riling M C. Mycorrhizal responses to biochar in soil-concepts and mechanisms[J]. Plant and Soil，2007，300(1-2)：9-20.

[158] Paul E A. Soil Microbiology，Ecology and Biochemistry[M]. Third edition. Amsterdam：Elsevier，2007.

[159] Kim J S，Sparovek G，Longo R M，et al. Bacterial diversity of terra preta and pristine forest soil from the Western Amazon[J]. Soil Biology and Biochemistry，2007，39(2)：684-690.

[160] Steinbeiss S，Gleixner G，Antonietti M. Effect of biochar amendment on soil carbon balance and soil microbial activity[J]. Soil Biology & Biochemistry，2009，41(6)：1301-1310.

[161] Graber E R，Harel Y M，Kolton M，et al. Biochar impact on development and productivity of pepper and tomato grown in fertigated soilless media[J]. Plant Soil，2010，337(1/2)：481-496.

[162] Grossman J M，O'Neill B E，Tsai S M，et al. Amazonian anthrosols support similar microbial communities that differ distinctly from those extant in adjacent，unmodified soils of the same

mineralogy[J]. Microbial Ecology，2010，60(1)：192-205.

[163] Atkinson C J，Fitzgerald J D，Hipps N A. Potential mechanisms for achieving agricultural benefits from biochar application to temperate soils：A review[J]. Plant and Soil，2010， 337(1-2)：1-18.

[164] Marris E. Black is the new green[J]. Nature，2006，442(7013)：624-626.

[165] Sombroek W，Ruivo M L，Fearnside P M，et al. Amazonian Dark Earths as carbon stores and sinks[M]//Lehmann J，Kern D C，Glaser B. Amazonian Dark Earths：Origin Properties Management. Dordrecht：Kluwer Academic Publishers，2003，125-140.

[166] Major J，Rondon M，Molina D，et al. Maize yield and nutrition during 4 years after biochar application to a colombian savanna oxisol[J] Plant and Soil，2010，333(1-2)：117-128.

[167] 袁金华，徐仁扣. 稻壳制备的生物质炭对红壤和黄棕壤酸度的改良效果[J]. 生态与农村环境学报，2010，26(5)：472-476.

[168] 花莉，张成，马宏瑞，等. 秸秆生物质炭土地利用的环境效益研究[J]. 生态环境学报，2010，19(10)：2489-2492.

[169] Peng X，Ye L L，Wang C H，et al. Temperature and duration dependent rice straw derived biochar：Characteristics and its effects on soil properties of an ultisol in southern China[J]. Soil and Tillage Research，2011，112(2)：159-166.

[170] Hossain M K，Strezov V，Chan K Y，et al. Agronomic properties of wastewatra sludge biochar and bioavailability of metals in production of cherry tomato (Lycopersicon esculentum) [J]. Chemosphere，2010，78(9)：1167-1171.

[171] 刘世杰，窦森. 黑碳对玉米生长和土壤养分吸收与淋失的影响[J]. 水土保持学报，2009，23(1)：79-82.

[172] 张文玲，李桂花，高卫东. 生物质炭对土壤性状和作物产量的影响[J]. 中国农学通报，2009，25(17)：153-157.

[173] 刘玮晶，刘烨，高晓荔，等. 外源生物质炭对土壤中铵态氮素滞留效应的影响[J]. 农业环境科学学报，2012， 31(5)：962-968

[174] Lehmann J，Joseph S. Biochar for environmental management：Science and Technology[M]. London：Earthscan，2009：1-12.

[175] Yuan J H，Xu R K. The amelioration effects of low temperature biochar generated from nine crop residues on an acidic Ultisol[J]. Soil Use and Management，2011，27(1)：110-115.

[176] 宋葳苞. 浙江省秸秆资源及其品质调查研究[J]. 土壤肥料，1995，(2)：23-26.

[177] 张阿凤，潘根兴，李恋卿. 生物黑炭及其增汇减排与改良土壤意义[J]. 农业环境科学学报，2009，28(12)：2459-2463.

[178] Yan G Z，Xhima K，Fujiwara S. The effects of bamboo charcoal and phosphorus fertilization on mixed planting with grasses and soil improving species under the nutrients poor condition[J].

Journal of the Japanese Society of Revegetation Technology, 2004, 30(1): 33-38.

[179] 刘玉学. 生物质炭输入对土壤氮素流失及温室气体排放特性的影响[D]. 杭州：浙江大学, 2011.

[180] Rondon M A, Lehmann J, Ramírez J, et al. Biological nitrogen fixation by common beans(Phaseolus vulgaris L.)increases with biochar additions[J].Biology and Fertility of Soils, 2007, 43(6): 699-708.

[181] Zhang A F, Cui L Q, Pan G X, et al. Effects of biochar amendment on yield and methane and nitrous oxide emissions from a rice paddy from Tai Lake plain, China[J]. Agriculture, Ecosystems and Environment, 2010, 139(4): 469-475.

[182] Sollins P, Homann P, Caldwell B. Stabilization and destabilization of soil organic matter: Mechanisms and controls[J]. Geoderma, 1996, 74(1): 65-105.

[183] Baronti S, Alberti G, Genesio L. Effects on soil fertility and on crops production[C]//2nd International Biochar Conference-IBI September 8-10, Newcastle, UK, 2008.

[184] Isobe K, Fujii H, Tsuboki Y. Effect of charcoal on the yield of sweet potato[J]. Japanese Journal of Crop Science, 1996, 65(3): 453-459.

[185] 章明奎, Walelign D Bayou, 唐红娟. 生物质炭对土壤有机质活性的影响[J]. 水土保持学报, 2012, 26(2): 127-131.

[186] Glaser B, Lehmann J, Zech W. Ameliorating physical and chemical properties of highly weathered soils in the tropics with charcoal: A review[J]. Biology and Fertility Soils, 2002, 35(4): 219-230.

[187] 程海燕, 邱宇平, 黄民生, 等. 黑碳的表面化学研究进展[J]. 上海化工, 2006, 31(10): 30-34.

[188] 周丹丹. 生物碳质对有机污染物的吸附作用及机理调控[D]. 杭州：浙江大学, 2008.

[189] 吴成, 张晓丽, 李关宾. 黑碳制备的不同热解温度对其吸附菲的影响[J]. 中国环境科学, 2007, 27(1): 125-128.

[190] Cao X D, Ma L N, Gao B, et al. Dairy-Manure derived biochar effectively sorbs lead and atrazine[J]. Environmental Science & Technology, 2009, 43(9): 3285-3291.

[191] Sun H W, Zhou Z L. Impacts of charcoal characteristics on sorption of polycyclic aromatic hydrocarbons[J]. Chemosphere, 2008, 71(11): 2113-2120.

[192] Dickens A F, Gélinas Y, Hedges J I. Physical separation of combustion and rock sources of graphitic black carbon in sediments[J]. Marine Chemistry, 2004, 92(1-4): 215-223.

[193] 王怀臣, 冯雷雨, 陈银广. 废物资源化制备生物质炭及其应用的研究进展[J]. 化工进展, 2012, 32(4): 907-914.

[194] Chen B L, Johnson E J, Chefetz B, et al. Sorption of polar and nonpolar aromatic organic contaminants by plant cuticular materials: The role of polarity and accessibility[J]. Environmental

Science & Technology，2005，39(16)：6138-6146.

[195] 周建斌. 竹炭环境效应及作用机理研究[D]. 南京：南京林业大学，2005.

[196] Qiu Y P，Ling F. Role of surface functionality in the adsorption of anionic dyes on modified polymeric sorbents[J]. Chemosphere，2006，64(6)：963-971.

[197] Özcimen D，Ersoy-Mericboyu A. Characterization of biochar and bio-oil samples obtained from carbonization of various biomass materials[J]. Renewable Energy，2010，35(6)：1319-1324.

[198] 韩彬. 稻草秸秆基活性炭的制备与应用[D]. 上海：东华大学，2008.

[199] James G，Sabatini D A，Chiou C T，et al. Evaluatiog phenanthrene sorption on various wood char[J]. Water Research，2005，39(4)：549-559.

[200] Lahaye J Q. The chemistry of carbon surface [J]. Fuel，1998，77(6)：543-547.

[201] Barriuso E，Laird D A，Koskinen W C，et al.Atrazine desorption from smectites[J]. Soil S cience Society of America Journal，1994，58(6)：1632-1638.

[202] Zheng W，Guo M X，Chow T，et al. Sorption properties of greenwaste biochar for two triazine pesticides[J]. Journal of Hazardous Materials. 2010，181(1-3)：121-126.

[203] Xia G，Pignatello J J. Detailed sorption isotherms of polar and apolar compounds in a high-organic soil[J]. Environmental Science Technology，2001，35 (1)：84-94.

[204] 赵晓锋，张全，姚秀清，等. 木薯渣制备乙醇探索研究[J]. 安徽农业科学，2012，40(20)：10588-10589 .

[205] 姜玉，庞浩，廖兵. 甘蔗渣吸附剂的制备及其对 Pb^{2+}、Cu^{2+}、Cr^{3+}的吸附动力学研究[J]. 中山大学学报自然科学版，2008，47(6)：32-37.

[206] 符瑞华，高俊永，梁磊，等. 甘蔗渣利用现状及致密成型研究发展[J]. 甘蔗糖业，2013，(2)：47-51.

[207] 司友斌，孟雪梅. 除草剂阿特拉津的环境行为及其生态修复研究进展[J]. 安徽农业大学学报，2007，34 (3)：451-455.

[208] 史伟，李香菊，张宏军. 除草剂莠去津对环境的污染及治理[J]. 农药科学与管理，2009，30(8)：30-33.

[209] Sun K，Gao B，Zhang Z Y，et al. Sorption of atrazine and phenanthrene by organic matter fractions in soil and sediment[J]. Environmental Pollution，2010，158 (12) 3520-3526.

[210] Hayes T B，Khoury V，Narayan A，et al. Atrazine induces complete feminization and chemical castration in male African clawed frogs (Xenopus laevis)[J]. Proceeding of the National Academy of Science，2010，107(10)：4612-4617.

[211] de La Casa-Resino I，Valdehita A，Soler F，et al. Endocrine disruption caused by oral administration of atrazine in European quail(Coturnix coturnix coturnix)[J]. Comparative Biochemistry and Physiology，2012，156 (3-4) 159-165.

[212] 张瑾，司友斌. 除草剂胺苯磺隆在土壤中的吸附[J]. 农业环境科学学报，2006，25(5)：1289-

1293.

[213] 张静，宋宁慧，李辉信，等. 磺酰磺隆在土壤中的环境行为[J]. 农药，2012，51(12)：890-893.

[214] 张传琪，宋稳成，王鸣华. 烯啶虫胺在土壤中的吸附与迁移行为[J]. 江苏农业学报，2012，28(3)：534-537.

[215] OECD guidelines for testing of chemicals，Adsorption-desorption using a batch equilibrium method [M]. Revised Draft Document. Paris：OECD，2000：45.

[216] 鲍艳宇. 四环素类抗生素在土壤中的环境行为及生态毒性研究[D]. 南开大学博士后工作报告，2008.

[217] 汪玉，司友斌. 纳米粘土矿物对阿特拉津的吸附解吸特性研究[J]. 农业环境科学学报，2009，28(1)：125-129.

[218] 常春英，郑殿恬，吕贻忠. 三种胡敏酸对阿特拉津的吸附特性及机理研究[J]. 光谱学与光谱分析，2010，30(10)：2641-2645.

[219] Huang W，Peng P，Yu Z，et al. Effects of organic matter heterogeneity on sorption and desorption of organic contaminants by soils and sediments[J]. Applied Geochemistry，2003，18(7)：955-972.

[220] Calvet R. Adsorption of organic chemicals in soils[J]. Environmental Health Perspectives，1989，83(4)：145-177.

[221] Singh N. Sorption behavior of triazole fungicides in Indian soils and its correlation with soil properties[J]. Journal of Agricultural and Food Chemisty，2002，50(22)：6434-6439.

[222] Huang W，Weber W J Jr. A distributed reactivity model for sorption by soils and sediments. 10. Relationship between desorption，hysteresis，and the chemical characteristics of organic domains[J]. Environmental Science and Technology，1997，31(9)：2562-2569.

[223] 许晓伟，黄岁樑. 海河沉积物对菲的吸附解吸行为研究[J]. 环境科学学报，2011，31(1)：114-122.

[224] 于颖，周启星. 黑土和棕壤中甲胺磷的根际降解脱毒模拟研究[J]. 应用生态学报，2005，16(9)：1761-1764.

[225] 陶庆会，汤鸿霄. 阿特拉津在天然水体沉积物中的吸附行为[J]. 环境化学，2004，23(2)：145-151.

[226] 李克斌，陈经涛，魏红，等. 表面活性剂和土壤有机质对莠去津在土壤上吸附的相互影响[J]. 西北农林科技大学学报自然科学版，2008，36(8)：119-124.

[227] Abate G，Masini J C. Adsorption of atrazine，hydroxyatrazine，deethylatrazine，and deisopropylatrazine onto Fe(III) polyhydroxy ations intercalated vermiculite and montmorillonite[J]. Journal of Agricultural and Food Chemisty，2005，53(5)：1612-1619.

[228] 李文朋，王玉军. 莠去津在土壤中的吸附行为研究[J]. 延边大学农学学报，2009，31(3)：

218-224.

[229] 司友斌，周静，王兴祥，等. 除草剂苄嘧磺隆在土壤中的吸附[J]. 环境科学，2003，24(3)：122-125.

[230] 毛应明，蒋新，王正萍，等. 阿特拉津在土壤中的环境行为研究进展[J]. 环境工程学报，2004，5(12)：11-15.

[231] 杨炜春，王琪全，刘维屏. 除草剂莠去津(atrazine)在土壤-水环境中的吸附及其机理[J]. 腐植酸，2000，21(4)：94-97.

[232] Tolls J. Sorption of veterinary pharmaceuticals in soils：A review. Environmental Science and Technology，2001，35 (17)：3397-3406.

[233] Picó Y，Andreu V. Fluoroquinolones in soil—risks and challenges[J]. Analytical and Bioanalytical Chemistry，2007，387(4)：1287-1299.

[234] Bailey G W，White J L. Review of adsorption on and desorption of organic pesticides by soil colloids，with implications concerning pesticide bioactivity[J]. Journal of Agricultural and Food Chemisty，1964，12(4)：324-332.

[235] Carter M C，Kilduff J E，Weber J W J. Site energy distribution analysis of preloaded adsorbents[J]. Environmental Science Technology，1995，29(7)：1773-1780.

[236] Zhu L Z，Chen B L. Sorption behavior of pnitrophenol on the interface between anioncation organobentonite and watr[J]. Environmental Science Technology，2000，34(14)：2997-3002.

[237] 田秀慧，徐英江，张秀珍，等. 氨基脲在莱州湾水体沉积物上的吸附机理研究[J]. 环境污染与防治，35(2)：50-52.

[238] Nam K，Alexander M. Role of nanoporosity and hydrophobicity in sequestration and bioavailability：Tests with model solids[J]. Environmental Science Technology，1998，32(1)：71-74.

[239] Huang W L，Yu H，Weber T W J. Hysteresis in the sorption and desorption of hydrophobic organic contaminants by soils and sediments. 1. A comparative analysis of experimental protocols[J]. Journal of Contaminant Hydrdogy，1998，31(1)：129-148.

[240] 陈华林，张建英，陈英旭，等. 五氯酚在沉积物中的吸附解吸迟滞行为[J]. 环境科学学报，2004，24(1)：27-32.

[241] Tang J，Carroquino M J，Robertson B K. Combined effect of sequestration and bioremediation in reducing the bioavailability of polycyclic aromatic hydrocarbons[J]. Environmental Science Technology，1998，32(22)：3586-3690.

[242] 罗玲. 黑炭对五氯苯酚(PCP)的吸附解吸行为及生物有效性的影响[D]. 杭州：浙江大学，2011.

[243] 张燕，司友斌. 外源木炭对苄嘧磺隆在土壤中吸附解吸的影响[J]. 土壤学报，2009，46(4)：617-625.

[244] 余向阳. 黑炭对农药在土壤中的吸附解吸行为及其生物有效性的影响[D]. 咸阳：西北农林科技大学，2007.

[245] 田超，王米道，司友斌. 外源木炭对异丙隆在土壤中吸附解吸的影响[J]. 中国农业科学，2009，42(11)：3956-3963.

[246] 祁振，于淑艳，刘璐，等. 石墨烯对四环素的吸附热力学及动力学研究[J]. 山东大学学报(工学版)，2013，43(3)：63-69.

[247] 卞永荣，蒋新，王代长，等. 五氯酚在酸性土壤表面的吸附解吸特征研究[J]. 土壤，2004，36(2)：181-186.

[248] Hinz C. Description of sorption data with isotherm equations[J]. Geoderma，2001，99(3-4)：225-243.

[249] Cox L，Koskinen W C，Yen P Y. Sorption-desorption of imidacloprid and its metabolites in soils[J]. Journal of Agricultural and Food Chemisty，1997，45(4)：1468-1472.

[250] Barriuso E，Laird D A，Koskinen W C，et al. Atrazine Desorption from Smectites[J]. Soil Science Society of America，1994，58(6)：1632-1638.

[251] Xing B S. Sorption of anthropogenic organic compounds by soil organic matter：A mechanistic consideration[J]. Canadian Journal of Soil Science，2001，81(3)：317-323.

[252] 张健. 地带性土壤中菲的土-水界面吸附解吸行为及其受黑炭影响的机理研究[D]. 杭州：浙江大学，2011.

[253] 王萍. 黑炭对菲的土水界面行为及土壤微生物群落结构的影响[D]. 杭州：浙江大学，2012.

[254] Zhang H，Huang C-H. Adsorption and oxidation of fluoroquinolone antibacterial agents and structurally related amines with goethite[J]. Chemosphere，2007，66(8)：1502-1512.

[255] Allen-King R M，Grathwohl P，Ball W P. New modeling paradigms for the sorption of hydrophobic organic chemicals to heterogeneous carbonaceous matter in soils，sediments and rocks[J]. Advances in Watra Resources，2002，25(3)：985-1016.

[256] 陈再明，陈宝梁，周丹丹. 水稻秸秆生物碳的结构特征及其对有机污染物的吸附性能[J]. 环境科学学报，2013，33(1)：9-19.

[257] Yang Y，Shu L，Wang L，et al. Impact of deashing humic acid and humin on organic matter structural properties and sorption mechanisms of phenanthrene[J]. Environmental Science Technology，2011，45(9)：3996-4002.

[258] Ji L L，Wan Y Q，Zheng S R，et al. Adsorption of tetracycline and sul-famethoxazole on crop residue-derived ashes：Implication for the relative importance of black carbon to soil sorption[J]. Environmental Science & Technology，2011，45(3)：5580-5586.